Notwendigkeit und Schwierigkeiten der

Zusammenarbeit mit Wesenheiten der unsichtbaren Dimensionen

Daniel Perret

Erscheinungstermin Mai 2022
ISBN 9782322413997

Dieses Buch wird bei BoD auch auf Englisch erschienen.

Mein Dank geht an meine Lehrer, die Geistwesen, mit denen ich kommunizieren durfte und an Ute Otto für die Korrektur meines Textes.

Inhaltsübersicht

Interviews mit unsichtbaren Wesenheiten auf den linken Seiten

Texte auf den rechten Seiten

Daniel Perret – Wesen der unsichtbaren Dimensionen
Linke Seite: Interviews

Vorwort

Nach gut vierzig Jahren Studium und Kontakt mit nicht-physischen Wesen habe ich keinen Zweifel, dass die hohen Geistwesen ein enormes Wissen über die Ereignisse auf der Erde besitzen, betreffend Vergangenheit, Gegenwart und Zukunft. Sie können uns sagen, warum Stürme, Großbrände, Kriege, Dürren, Überschwemmungen, Erdbeben, soziale Unruhen geschehen, wie wir Menschen dazu beitragen und wie wir sie verhindern oder ihre Gewalt verringern können. Wir haben Geistwesen aller Art weitgehend ignoriert und dachten, weil sie unsichtbar sind, seien sie auch unbedeutend. Es sieht so aus, als sei die Zeit gekommen, in der wir mit ihnen kommunizieren können, wollen und müssen. Sie sind durchaus bereit, uns zu helfen, den Schlamassel aufzuräumen, den wir uns mit Umweltverschmutzung, Plastik, Klimawandel, Wasserknappheit, Verarmung der Böden und so weiter eingebrockt haben.
Es ist sehr wahrscheinlich sogar eine Frage des Überlebens. Sie warten geduldig, bis wir bereit sind mit ihnen zusammenarbeiten zu wollen.

Ich präsentiere hier Kommunikationen, die ich mit Geistwesen aller Art erlebt habe. Es sind teils neuere Gespräche und teils schon in meinen Büchern publizierte, über einfache alltägliche Anliegen dieser Wesen bis hin zu anspruchsvolleren, gegen Ende des Buches. Sie zeigen, wie präzise und überragend das Wissen und die Einsichten dieser Wesen sind. Wir müssen eine rigorose Kultur der Kommunikation mit ihnen aufbauen, die es uns ermöglicht zu wissen wer ,am Telefon' ist, wie wir sie befragen und verstehen können und wie wir lernen können, wertvolle von nicht wertvollen Dialogen und Partnern zu unterscheiden. Können wir vermeiden, uns in unserem eigenen Disneyland der Projektionen wiederzufinden? Oft geht es darum, wie wir unsere Ego-Ambitionen - im Grunde unsere Ängste, Minderwertigkeits- oder Überlegenheitsgefühle - aus der Sache heraushalten können. Können wir uns selbst wirklich kennen und aus der Tiefe unseres Herzens, aus unserem höheren spirituellen Selbst sprechen? Das erfordert ein hohes Maß an Aufrichtigkeit, das absolut notwendig ist, wenn wir die Kommunikation glaubwürdig und vor allem nützlich gestalten wollen.

Metapher

Wir alle leben in einem Wohnhaus oder einer Siedlung, die gut funktioniert. Der Postbote kommt regelmäßig, es gibt Vertragsdienste für Klempnerarbeiten, Strom, Aufzüge, Reinigung, Pflege der Blumenbeete, Müllentsorgung, kleine Reparaturen, Gießen von Bäumen und Pflanzen, alles was man sich vorstellen kann, wird erledigt, während wir bei der Arbeit oder auf Reisen sind. Erstaunlich!

Und doch ist es uns bis heute nicht in den Sinn gekommen, diese unsichtbaren Dienstleister zu grüßen und ihnen für ihre Arbeit und Fürsorge zu danken.

Genau das ist unsere Haltung gegenüber allen Naturgeistern und unsichtbaren Lichtwesen, die sich um die Natur und vieles mehr kümmern. Wir könnten damit beginnen, ihnen Hallo zu sagen und unsere Dankbarkeit zu zeigen oder sogar zu fragen, ob es ihnen gut geht und was wir beitragen können.

Warum ist das Unsichtbare unsichtbar?

Der gesamte Raum um uns herum ist mit Bewusstsein gefüllt, ob wir uns dessen bewusst sind oder nicht. Alles Sichtbare und Unsichtbare ist Bewusstsein und immer von einem Wesen bewohnt: eine Landschaft, ein Baum, jedes Objekt, bis hin zu jedem Gedanken, alle sind mit Wesen besetzt. Denn Bewusstsein ist immer mit einem Wesen verbunden.

Hinter jeder Manifestation – sichtbar oder nicht - steht ein Bewusstsein, also ein fühlendes, intelligentes Wesen. [11, 12]

"Alles, was du siehst, alles, was du berührst, hörst, fühlst, weißt, ist sichtbar gewordenes Bewusstsein." Brief 5 / S.16 [11]

So wie ein Mensch nicht nur aus Haut, Knochen und Gehirn besteht, sind auch der physische Baum an sich, die Blume oder die Landschaft nicht nur ein ‚Baumwesen' oder ein ‚Blumenwesen'. Wir müssen das fühlende, empfindende Bewusstsein hinter ihnen anerkennen.

Jeder neu geschaffene Raum füllt sich sofort mit einem neuen Wesen. Jeder neue Gedanke erzeugt einen kreisförmigen Energiewirbel im Ätherischen, wodurch ein neuer 'Unter'-Raum entsteht, der sofort von einem neu geschaffenen Wesen besetzt wird. In ähnlicher Weise schafft jeder Samen, der zum Spross wird, einen Raum, der sofort von einem neuen Wesen eingenommen wird.

Was ist also ein Wesen, was ist seine Funktion? Und warum ist das Bewusstsein zwangsläufig immer mit einem Wesen verbunden?

All das geschieht auf einer subtilen, feinstofflichen Energieebene. Feinstoffliche Energie sind alle Phänomene, die nicht grobstofflich-materiell sind und jenseits der von der konventionellen Physik bekannten Elektrizität liegen. Subtile Energie ist normalerweise für unsere physischen Augen unsichtbar. Hellseher, sensible Hände und Radiästhesiegeräte (wie eine Hartmann-Antenne, ein Pendel) können sie aufspüren. Auch die doppelte Nobelpreis-Trägerin Marie Curie soll mit Radiästhesie gearbeitet haben.

Warum gibt es überhaupt unsichtbare Dimensionen?

Was nützt es, wenn manche Dimensionen unsichtbar sind?
Warum können wir die Naturgeister oder unseren Schutzengel nicht sehen?

Verwendung einer Hartmann-Antenne

Wenn in der Quantenphysik das Phänomen der Quantenverschränkung akzeptiert werden kann, eine Kraft, die wir noch nicht vollständig verstehen können, können wir vielleicht auch akzeptieren, dass es vergleichbare Kräfte in der Radiästhesie gibt, die ein Werkzeug wie die Hartmann-Antenne dazu bewegen, JA- und NEIN-Antworten anzuzeigen.

Die Kommunikation zwischen Menschen und Naturgeistern oder Wesen des göttlichen Feldes funktioniert mit Hilfe eines Übersetzer-Wesens. Sie sind Sphäre-7-Wesen (siehe S. 81). Um eine Kommunikation mit unsichtbaren Wesen zu ermöglichen, müssen wir uns mit unseren Gefühlen verbinden und dann unsere Frage formulieren. Diese Frage wird von diesen Sphäre-7-Wesen übersetzt. Die unsichtbaren Wesen antworten dann mit ihrer Art von Gefühlen, die dann wiederum übersetzt werden. Die Schnittstelle im Menschen ist unser oberer Reflektoräther. [2]

*) Quantenverschränkung ist ein physikalisches Phänomen, das auftritt, wenn eine Gruppe von Teilchen erzeugt wird, interagiert oder sich in räumlicher Nähe befindet, so dass der Quantenzustand jedes Teilchens der Gruppe nicht unabhängig vom Zustand der anderen beschrieben werden kann, auch wenn die Teilchen durch eine große Entfernung getrennt sind. Das Thema der Quantenverschränkung steht im Mittelpunkt der Unterschiede zwischen der klassischen und der Quantenphysik: Die Verschränkung ist ein Hauptmerkmal der Quantenmechanik, das in der klassischen Mechanik fehlt. (Wikipedia)

Mögliche praktische Gründe für Unsichtbarkeit

Die immense Komplexität der unsichtbaren Realität würde das Fokussieren und Handeln im Physischen extrem schwierig machen. Unsere Hauptaufgabe, um unsere Rolle in unserem ‚Erdenspiel' erfolgreich zu erfüllen, besteht offenbar darin, uns auf das Physische zu konzentrieren, unsere Emotionen handhaben und umwandeln zu lernen, die Folgen unserer Gedanken in der physischen Manifestation zu sehen und dadurch das Potenzial unseres Geistes zu entwickeln. Dazu gehört eine gute Erdung für eine gründliche Inkarnation. Andernfalls könnten wir nicht in ausgewogener Weise funktionieren.

Was ich von der Energiedimension allein auf der ätherischen Ebene wahrnehmen kann, ist derart komplex, dass es uns beunruhigen würde, gleichzeitig alle Strukturen und Energieflüsse um uns herum zu sehen, während wir physische Aufgaben wie das Zubereiten einer Tasse Kaffee erledigen. Schon eine Kaffeemaschine hat ein Maschinenwesen und eine Reihe von Untergeistern und Elementarwesen.

Zusätzlich zu dieser ätherischen Ebene würden wir alle Gedanken, Atome und Emotionen der im Raum anwesenden Personen sehen. Und das ist wiederum nur ein Teil der Energiefelder, an denen wir beteiligt sind.

Auch im physischen Leben sieht man das Innere eines Motors oder einer Maschine nicht ohne Röntgenstrahlen oder ähnliche Ausrüstungen. Es sei denn, man nimmt sie auseinander, zum Beispiel für Reparaturen und Wartung. Warum sollten wir – etwas überspitzt formuliert - die Eingeweide, Blutgefäße und ätherischen Energiebahnen eines jeden Lebewesens sehen dem wir begegnen?

Mögliche philosophische Gründe, warum wir die unsichtbare Dimension normalerweise nicht wahrnehmen: Wir sind körperlich gewordener Geist. Das bedeutet, dass die Essenz unseres Wesens nicht aus der physischen Welt kommt. Gibt es ein 'Spiel des Lebens' auf der Erde, dessen Zweck es unter anderem sein könnte, uns durch die Illusion der physischen und sichtbaren Erscheinung hindurchzuarbeiten, damit wir uns an unsere unsichtbare spirituelle Herkunft erinnern?

Old Westbury Estate Gardens *auf Long Island*
Im Gespräch mit seinem Landschaftsengel. Er ist unglücklich und das schon seit 1944, als vermutlich der frühere Besitzer starb. Seine Frau übernahm damals die Leitung der Gärten. Sie verstieß gegen einen Grundsatz ihres Mannes, indem sie Bäume aus Kanada einführte, die zu Konflikten mit den vorhandenen einheimischen Bäumen hier im Park führten. Die Kinder des Ehepaars, die sich heute um das Anwesen kümmern, würden zwar den Standpunkt des Landschaftsengels verstehen, wissen aber offenbar nichts von der Änderung der Grundsätze nach 1944, die auf einem echten Verständnis der einheimischen Bäume und der Tatsache beruhten, dass kanadische Baumarten dieser lokalen Harmonie zuwiderlaufen. Die Bäume sind nun schon seit über 78 Jahren gewachsen. Es gibt also nichts, was ich tun könnte, um sein Leiden zu lindern, sagt mir der Landschaftsengel. Es geht um etwa 80 Laubbäume, die aus einem bestimmten Gebiet in Kanada, in der Nähe von Ottawa, stammen. Der Landschaftsengel sagt, es würde ihm helfen, mit den neuen Eigentümern über diese Problematik sprechen zu können. Das Abholzen der kanadischen Bäume sei nicht erforderlich. Der Landschaftsengel schätzt unser Gespräch und fühlt sich besser, obwohl das Problem noch nicht gelöst ist.
(8. April 2022)

Landscape

Das 'Erdenspiel des Lebens'

Das menschliche Leben auf der Erde hat zugegebenermaßen harte Spielregeln und ist im Wesentlichen ein innerer Wachstumsprozess. Alles, was wir denken, sagen und tun, hat Konsequenzen, die über kurz oder lang wie ein Bumerang zu uns zurückkehren. Das scheint ein wesentlicher Teil des Spiels zu sein: Durch die Auswirkungen von schmerzhaften Emotionen oder erfreulichen guten Gefühlen lernen wir, wie sich die Konsequenzen unseres Handelns anfühlen. Daran können wir wachsen und spirituellen Werten bei unseren Entscheidungen den Vorrang geben. Das ist an sich eine bemerkenswerte Erfindung der Schöpfer. Weiter unten gehe ich darauf ein, warum wir oft Widrigkeiten brauchen, um zu lernen.

Vieles deutet darauf hin, dass wir schon vor der Empfängnis die grossen Linien unserer eigenen Lebensziele festlegen, in welche Umstände wir hineingeboren werden wollen und welche Herausforderungen wir im Leben bewältigen wollen. [10] Die Herausforderungen sind nicht das Problem an sich. Es sind unsere Fähigkeiten sie zu meistern, unsere Überzeugungen und unser spiritueller Glaube, die auf die Probe gestellt werden und wachsen müssen. Die ‚Spielregeln' sind die Rahmenbedingungen und nicht das eigentliche Problem. Das Problem sind unsere Trägheit, Uneinsichtigkeit und mangelndes Verständnis der Spielregeln.

Das Ziel scheint eine sich ständig ausdehnende Evolution zu sein, die sich in den letzten Jahrhunderten vermehrt auf das Wachstum des Geistes konzentriert hat. Das bedeutet, dass wir über das niedere intellektuelle Mentale hinauszugehen lernen, das stark von unseren Emotionen beeinflusst wird, und vermehrt Zugang zum oberen mentalen Potenzial erhalten, das jenseits des Egos wirkt. Wie wir sehen werden, ist das Ego nicht das Problem, sondern es liefert einfach die Hürden, die wir brauchen, um spirituell zu wachsen. Es sieht so aus, als ob es keine dauerhafte persönliche Transformation geben kann, außer durch Hilfe unseres höheren Selbst, des Spirituellen.

Gespräch mit dem Loire-Elementarwesen

(10. Juni 2021)

Vor einiger Zeit hast du mir gezeigt, wo du deinen festen Ankerplatz im Loire-Fluss-System hast, in der Nähe von Bonny-sur-Loire. Ist dieser Ort immer noch aktuell? Ja.

Bist du ein sehr großes Wasserelementarwesen? Ja. Ich möchte dich den Menschen vorstellen, die sich für die Rechte der Natur einsetzen, insbesondere denen, die sich mit dem Loire-Tal befassen. Daher wäre es nützlich, wenn du uns helfen würdest zu verstehen, welche Rolle du in diesem Prozess spielen könntest.

Auch wenn ich im Moment kein spezielles Mandat dafür habe,

darf ich dich jetzt interviewen? Ja.

Wie können wir vorgehen?

Hast du ein bestimmtes Anliegen zurzeit? Nein.

Lasse mich mit meinen üblichen Eröffnungsfragen beginnen.

Geht es dir gut? Ja.

Kann ich im Moment etwas bestimmtes für dich tun? Nein.

Wärest du an einer Zusammenarbeit mit Leuten interessiert, die sich für die Rechte des Loire-Fluss-Systems einsetzen? Ja.

Das Flusssystem der Loire umfasst alle Zuflüsse von ihrer Quelle bis zum Atlantik? Ja.

Gibt es einen bestimmten Abschnitt, der heute besondere Aufmerksamkeit benötigt? Nein. Gibt es ein bestimmtes Thema, mit dem wir uns heute befassen müssen? Ja.

Können wir das besprechen? Ja

(Fortsetzung nächste linke Seite)

Eine Folge davon, dass wir das Unsichtbare nicht sehen, ist, dass wir die physische Welt manipulieren, ohne das Handbuch und die Gesetze zu verstehen, die sie regieren. Das hat uns in die Sackgassen geführt, in denen wir uns heute befinden. Es ist, als zeigte man uns, wie katastrophal diese oberflächliche Handhabung enden musste. Alle unsere Umweltprobleme zwingen uns, die Gesetzmäßigkeiten, die am Werk sind, endlich besser zu verstehen. Das Festhalten an einem rein physisch-materiellen, geistlosen Weltbild erweist sich als Illusion. In dem Bestreben, die physische Welt im Gleichgewicht zu halten, müssen wir uns des Handbuchs bewusstwerden, das uns zeigt, was die unsichtbaren Gesetze sind und wie sie wirken?

Soweit ich es verstehe, besteht das Unsichtbare aus zahlreichen Ebenen und Dimensionen. Es erfordert einige Anstrengung, uns auf die eine oder andere Dimension einzustellen und nicht auf alle gleichzeitig. Vergleichbar mit einem Radiogerät, würden wir nicht alle Sender gleichzeitig hören wollen. Der Zugang zu diesen verschiedenen Welten setzt voraus, dass man weiß, wie man sich auf eine einstellt und wie man mit ihrer Sprache und ihren Besonderheiten umgeht. Wie die Realität der sehr kleinen Elementarwesen zeigt, nehmen Gnome (Erd-Elementarwesen) und Undinen (Wasser-Elementarwesen) die Sylphen (Luft-Elementarwesen) und Salamander (Feuer-Elementarwesen) weder wahr noch kommunizieren sie direkt mit ihnen. Sie leben in getrennten Schichten des Ätherischen, also in ganz unterschiedlichen Welten. Es fällt uns schwer, vorzustellen, dass verschiedene Energiefelder in Wirklichkeit ganz verschiedene ,Welten' sind. Die Wesen einer Ebene nehmen nicht unbedingt alle anderen Ebenen wahr.

Die Wahrnehmung des Unsichtbaren ist nicht nur ein entweder/oder Ereignis, ein Sehen oder Nicht-Sehen. Es gibt eine Reihe von Wahrnehmungsmöglichkeiten, die alle allmählich und individuell entwickelt werden. Neben unseren physischen Augen haben wir das ,dritte Auge' und die ,zwei ätherischen Augen'. Hellsehen umfasst mehr als zwanzig verschiedene Arten des Hellsehens, die ebenso viele Wege und Teilaspekte der Wirklichkeit sind. So haben wir auch unsere Gefühle oder z.B. unsere Fähigkeit des Hellhörens, die bei der Wahrnehmung der subtilen Ebenen eine Rolle spielen.

Fortsetzung von Seite 14

Geht es um Umweltverschmutzung? Ja.
Handelt es sich um eine vom Menschen verursachte Verschmutzung? Ja.
Durch industrielle Verschmutzung? Nein
Durch genutzte Gewässer? Nein
Durch den Tourismus? Nein
Fischerei? Nein / Boote? Ja.
Irgendeine andere Quelle oder Art von Verschmutzung im Moment? Nein
Handelt es sich um Lastschiffe, die Waren transportieren? Nein
Um einzelne Boote? Nein
Liegt es in der Nähe deiner Mündung in den Atlantik? Ja
In der Nähe von Saint Nazaire? Ja
Handelt es sich um den ‚Port de Comberge' in Saint-Michel-Chef-Chef? Ja.
Offensichtlich gehört für dich das Mündungsgebiet bis zur Pointe de St. Gildas zu deinem Flusssystem? Ja
Die Verschmutzung des Hafens durch private Boote ist das, was du meinst? Ja
Ist das alles, was du heute sagen wolltest? Ja
Habe ich deine Antworten richtig verstanden? Ja.
Ich danke dir. Deine Hinweise sind für mich unerwartet und scheinen mir sehr nützlich zu sein.

Wie so oft zeigt auch dieses Gespräch Kohärenz, Konsistenz, unerwartete Aspekte und ist nützlich und präzise. Wir hatten heute kein bestimmtes Programm oder Mandat. Beide würden den Ablauf eines solchen Gesprächs natürlich beeinflussen. Obwohl ich die Antworten in einer Ja/Nein-Form mit Hilfe eines - Radiästhesiegerätes (meiner kleinen Hartmann-Antenne, siehe Seite 10) erhalte, habe ich das Gefühl, dass immer auch ein nicht-physisches Wesen bei der Formulierung der Fragen hilft. Die Fragen sind also fast schon Teil der Antwort. Die Interviews fühlen sich immer so an, als hätte man einen intelligenten ‚Menschen' am Telefon: geerdet, direkt, praktisch, nicht egoistisch.

Daniel Perret – Wesen der unsichtbaren Dimensionen
Linke Seite: Interviews

Der visuelle Aspekt ist nicht der einzige. Der Kontakt mit Wesen bestimmter hoher Ebenen kann für uns auch zu mächtig sein um aushalten zu können. Sehen heißt, sich auf eine Begegnung einzulassen und so zu einer Gesamterfahrung zu werden. Sehen ist Wissen und sich einlassen. Dazu muss man bereit sein. Da kann der Kontakt über Ja/Nein-Antworten angemessener oder der einzig verfügbare sein.

Was nützt es, das Unsichtbare wahrzunehmen und zu verstehen?
Die Wesen der unsichtbaren Dimension haben ein immenses Wissen, Weisheit und Erfahrung, wie man die Natur im Gleichgewicht hält und die Folgen des menschlichen Handelns oder Nichthandelns versteht. Wir Menschen sehen inzwischen die Folgen davon, dass wir die Weisheit dieser Wesen jahrhundertelang ignoriert haben. Sie haben vielleicht nicht auf alles eine Antwort, aber sie würden sicherlich gerne dazu beitragen, auch für neue Probleme Lösungen zu finden. In den vielen Kommunikatio-nen, die ich mit Wesen aller Art und Ebenen habe, sind sie immer präzise, konsequent und kommen manchmal mit Anliegen, an die wir nicht gedacht haben. Das Neue, das sie beitragen, ist also auch ein wertvoller Aspekt. Offensichtlich hilft Kommunikation, Missverständnisse und unnötige Ängste zu beseitigen. Sie bringt Respekt und Empathie.

Es liegt auf der Hand, dass höhere Wesen im göttlichen Feld die Fähigkeit besitzen zu inspirieren und uns den tieferen Sinn der Geschehnisse und den Zweck unseres Lebens zu vermitteln. Wir müssen zunächst immer unsere Motivation überprüfen, warum wir überhaupt mit unsichtbaren Wesen kommunizieren oder sie wahrnehmen wollen. Wie so oft können oberflächliche gute Absichten tiefere Unsicherheiten und Ängste überdecken, zum Beispiel, sich nicht gut genug zu fühlen um mit unsichtbaren Wesen zu kommunizieren. Eine Jagd nach Kontakten führt nur zu Enttäuschungen und Begegnungen mit falschen Wesen.

Angst vor dem Unbekannten
Ein Teil der Frage betrifft unsere Angst vor dem Unbekannten und der unsichtbaren Dimension. Doch warum sollten wir Angst vor der Entdeckung der Realität haben? Was ist die Funktion der Angst?

Viele von euch möchten sich in einem Prozess befinden, in dem ihr euer Herz tiefer öffnen wollt. Das erfordert großen Mut, denn es erfordert eure Bereitschaft, alles loszulassen, was nicht ihr seid. Wenn ihr das loslasst, werdet ihr authentischer. Dies ist ein Prozess der Transformation - der Heilung innerer Wunden. Und wir können euch dabei helfen - wir können euch helfen. Ihr müsst verstehen, dass wir gerne sehen, wie ihr zu eurem wahren Selbst werdet, denn auf diese Weise werdet ihr in der Lage sein, tiefer mit uns in eine echte Zirkulation zu kommen, und wir können die Erfahrung der Göttlichkeit teilen, die die tiefste Realität ist, die es gibt... Und dann könnt ihr dies in die Welt bringen... Seht ihr, das ist die ganze Idee... es weiterzugeben.

Ignatius von Loyola
Gechannelt von Eva Høffding

Ich war Zeuge, wie Ignatius viele Male direkt zu mir oder jemandem in der Gruppe sprach. Ich war dabei, als Eva diese Botschaft von Ignatius und die anderen weiter unten gechannelt hat, ebenso wie die Botschaften von Pegasus und der Schwarzen Jungfrau. Es ist eine schöne Erfahrung, zu spüren, dass jemand wirklich hier ist, auch wenn er nur für einige von uns sichtbar ist. Ignatius hat seine eigene poetische Sprache. Das macht ihn unterscheidbar von anderen Geistwesen, die in diesem Buch hier zitiert werden.

Eva channelt auch unseren ehemaligen gemeinsamen Lehrer Bob Moore, in seiner unverwechselbaren Art zu sprechen. Dies war für mich von unschätzbarem Wert, um das Reale in diesen Präsenzen und Kommunikationen zu spüren. Es machte es schlicht glaubhaft, dass es intelligente reale Wesen gibt, die mit uns kommunizieren.

Im menschlichen Energiesystem ist die Emotion Angst sehr stark in der Magengegend angesiedelt, energetisch gesehen im so genannten Solar-plexus-Chakra. Ohne auf Einzelheiten dieses Chakras einzugehen, wissen wir, dass die Überwindung der Angst durch ein besseres Verständnis und eine Haltung der Liebe erfolgt. Dieses Chakra steht sehr stark unter dem Einfluss des Elements Feuer. Feuer ist mit Licht und Geist verbunden.

Die Newtonsche Wissenschaft
und die Überwindung der mittelalterlichen Verwirrungen

(aus meinem Buch "Die Intelligenz hinter der Natur" [2])

Seit dem 17. Jahrhundert hat sich die Newtonsche Wissenschaft davon entfernt, eine bewusste Intelligenz in der Natur anzuerkennen. Im 17. Jahrhundert legte Isaac Newton die Grundlagen für die klassische Mechanik. Er trug auch zum Fortschritt der Optik, der Astrologie und der mathematischen Analyse bei. Weniger bekannt ist, dass er sich auch intensiv mit Theologie und Alchemie beschäftigt hat. John Maynard Keynes, der bedeutende Wirtschaftswissenschaftler des 20. Jahrhunderts, hielt Newton für den letzten ‚Magier' und ‚Alchemisten' der westlichen Welt. [9] Newton war also mit beiden Aspekten vertraut: der äußeren materiellen Welt und der unsichtbaren Dimension, die in der Alchemie erforscht wird. Meine These ist, dass die Schaffung der soliden physikalischen Grundlagen der sichtbaren physischen Welt von grundlegender Bedeutung für unsere Zivilisation und Wissenschaft war. Diese ‚soliden Grundlagen' wurden zu einer absoluten Notwendigkeit, damit sich die Wissenschaft und die Welt von dem Aberglauben, der Verwirrung, den Ängsten und dem Obskurantismus des Mittelalters lösen konnten. Es herrschte große Verwirrung über die Rolle des Unsichtbaren, darüber, wie man es wahrnimmt und wie man es auf nicht-egoistische Weise verstehen kann.

Dies brachte zwar einen fabelhaften Fortschritt im analytischen Denken mit sich, der es ermöglichte, den materiellen Teil der Natur

Engel des Vézère-Tals
(April 2022)

*Als ich heute mit dem Hund spazieren ging,
kam ich an der Stelle vorbei, an der der Engel
dieses Teils des Vézère-Tals seinen Ankerplatz
hat, in der Nähe von St. Leon sur Vézère
(Dordogne, Südwestfrankreich).
In der Nähe traf ich einen älteren Mann, der
gerade dabei war, sein Zelt aufzuschlagen. Ich
zeigte ihm, wo sich der Engel befand, nicht
weit von seinem Standort entfernt.
"Was ist denn seine Aufgabe?", fragte er.
Also fragte ich den Engel: "Geht es dir heute
gut?" - Nein
"Kann ich etwas für dich tun? - ja
"Willst du uns sagen, was das Problem ist?" -
ja
"Hat es mit der Umweltverschmutzung zu tun?
- nein
"Mit der Verstopfung des Flussbettes?" - ja
"In der Nähe von hier?" - ja
"Stromaufwärts?" - nein
"Stromabwärts?" - ja
"Weniger als 1 km?" - ja
Nach einer Reihe von Fragen zur genauen
Entfernung bejaht er 470 m.
"Handelt es sich um ein Hindernis durch die
Ansammlung von Erde, Schutt und Treibholz?"
- ja
Ich ging hin und er zeigte mir die genaue
Stelle.
Und tatsächlich lagen auf der anderen Seite
mehrere kleine Bäume im Flussbett.*

bis ins kleinste Detail zu sezieren und zu analysieren, aber es führte dazu, dass wir den Sinn dafür verloren, wie und warum alles miteinander verbunden ist. Genau dieses Denken trennte uns von der Weisheit der ursprünglichen Verbindung mit der Natur ... und brachte uns oft dazu unsere Ökosysteme zu zerstören.

Die westliche Welt hat mindestens dreihundert Jahre gebraucht, um sich von der Verwirrung über unsichtbare Phänomene zu lösen und dann zu lernen, sie zu erkennen. Erst im 20. Jahrhundert, mit den Entdeckungen der Relativitätstheorie, der subatomaren Teilchen und der Quantenphysik, ist die Wissenschaft bereit, die unsichtbaren Dimensionen weiter zu erforschen.

Dass die Intelligenz der Natur und deren unsichtbare Wesen in die Ecke gedrängt wurden und meist als Erinnerung in Märchen überlebten, wird so verständlich. Die wissenschaftliche Welt wird sich erst dann vollständig vom Materialismus erholen, wenn wir die Entdeckungen der Quantenphysik integriert haben. Ein Paradigmenwechsel ist im Gange. Vor 2000 Jahren hatten alle Kulturen in Europa ihre Götter: Das antike Griechenland, Rom, die Kelten, die nordischen Länder hatten zum Beispiel Götter des Donners, des Berges und Geister des Windes. Diese Namen oder Begriffe entsprachen dem Verständnis der damaligen Zeit.

Da wir ihre Existenz jahrhundertelang ignoriert haben, wissen wir heute kaum etwas über die möglichen Funktionen und Zuständigkeitsbereiche der verschiedenen Arten von Naturgeistern. Wir glauben, dass die Natur so ziemlich ohne uns zu funktionieren scheint, aber tut sie das wirklich? und funktioniert sie gut? Welche Vorteile würde eine bewusste Partnerschaft bringen?

Das Merkwürdige an dem Dilemma der materiellen Physik, in einer letztlich unsichtbaren Welt der Energie, ist, dass niemand die Existenz oder Nichtexistenz des Unsichtbaren beweisen kann. Die westliche Wissenschaft kann stolz darauf sein, zu erforschen,

*"Können du und deine Kollegen euch selbst
darum kümmern?"* - ja
*"Geht das Gebiet, für das du zuständig bist,
von Terrasson bis weiter als Bergerac?"* - ja
"Unterscheidet sich deine Aufgabe als Engel
von der eines großen
Wasserelementarwesens, das ebenfalls auf
den Fluss aufpasst?" - ja
"Einfach ausgedrückt: Engel wie du bringen
ein Element der Inspiration mit, während
Wasserelementarwesen sich mit den
täglichen 'technischen' Problemen
beschäftigen?" - ja
"Du bist es also gar nicht, der 'die Ärmel
hochkrempelt', um das gestaute Material
aufzuräumen?" - nein
"Aber es ist Teil deiner täglichen Sorgen?" - ja
"Außerdem wolltest du uns einen praktischen
Teil deiner Aufgaben zeigen, da der Mann sich
darüber gewundert hatte?" - ja
"Das Problem wird durch die kommenden
Regenfälle unter aktiver Beteiligung der
Wasserelementarwesen behoben werden?" -
ja
"Vielen Dank für dieses Gespräch" - gern
geschehen!

Dieses Gespräch zeigt erneut, dass es nicht immer um sensationelle
Informationen geht. Dasselbe könnte man auch sagen, wenn man mit
einem Landwirt, einem Maurer, einem Bäcker oder einem Menschen in
einem Büro spricht. Sie erledigen eine Menge alltäglicher Aufgaben, die
zwar richtig gemacht werden müssen, aber nicht unbedingt
außergewöhnlich sind.

welcher Teil des Gehirns betroffen ist, wenn man den linken kleinen Finger bewegt, und viele ähnliche faszinierende Aspekte. Die Wissenschaftler tun dies und glauben, dass jede Entdeckung durch zahlreiche identische Wiederholungen bewiesen werden müsse. Nur dann würden sie sich ernst genommen fühlen. Das ist ihr spezielles Gesellschaftsspiel mit seinen Verhaltensregeln.

Sobald man aber versucht, näher herauszufinden, wer ein interessanter Schauspieler, Staatsmann oder Erfinder ist, kommt man nicht weiter, indem man verschiedene Personen zum Interview des betreffenden Menschen schickt. Jeder von ihnen wird, wenn er wirklich interessante, tiefgründige Fragen stellt, eine persönliche Begegnung, einen persönlichen Eindruck bekommen, aber der Vergleich der Interviews wird nicht zu einer ‚wissenschaftlich glaubwürdigen' Antwort führen, wer diese Person wirklich ist, was sie denkt, glaubt, und was sie motiviert.

Sie können z.B. die ‚wissenschaftliche' Illusion mit einem Zebra anstreben, indem sie Beobachtungen machen, die streckenweise mit denjenigen eines anderen Wissenschaftlers über dasselbe Zebra übereinstimmen. Aber sie werden nicht in der Lage sein, sich über die tieferen Aspekte zu einigen, ob dieses Zebra fühlt, eine Gruppenseele hat, eine mentale Aktivität oder nur eine instinktive Intelligenz besitzt.

Die Wissenschaft der unsichtbaren Dimension
Die Erforschung der unsichtbaren Dimension hängt fast ausschließlich von der persönlichen Erfahrung ab. Während die östliche Wissenschaft auf eine lange Erfahrung mit diesem Ansatz zurückblicken kann und dabei sehr streng und methodisch vorgeht, ist die westliche Wissenschaft den Weg der kollektiven Erfahrung gegangen. Jede Forschung, die diesem westlichen Ansatz folgt, muss unpersönlich und durch Dritte überprüfbar sein. Dies hat eine Wissenschaft hervorgebracht, die sich auf die materielle, die physische, messbare Welt beschränkt. Die Nichtbefassung mit der persönlichen, inneren Dimension hat es jedoch nicht erlaubt, Werkzeuge zu entwickeln die mit der inneren Welt der Gefühle, Emotionen oder feinstofflichen Energien zu tun haben. Erst durch die gleichzeitige Erforschung der Quantenphysik und der psychologischen Techniken hat sich der Westen langsam dafür geöffnet, über das rein Physische hinauszugehen.

4 Quell-Wassernymphen
(April 2022)

*Vor kurzem ging ich mit unseren beiden Hunden in
einem Tälchen spazieren. Nur im Frühjahr und
nach längeren Regenperioden fliesst das Wasser
einer kleinen Quelle über den Pfad. Zu Hause
angekommen, sah ich als innere Vision vier
Lichtsäulen in der Nähe der Quelle stehen. Als ich
das nächste Mal dorthin ging, nahm ich die vier
Säulen wahr und fragte sie, wie ich es
normalerweise tun würde:*
Wer seid ihr? Sie sagten: Wassernymphen.
Geht es euch gut? - Nein
Kann ich etwas für euch tun - Nein
Wollt ihr mir etwas sagen – Ja
*Sie sagten, dass es in der Nähe eine störende
Energie gäbe.*

Die Eingeborenen-Völker behielten einen Kontakt mit der Existenz des Unsichtbaren. Sie bewahrten sich zwar ein ganzheitliches, mitfühlendes Gespür und einen tiefen Respekt für den Sinn des Lebens, dem sichtbaren und dem unsichtbaren, aber sie konnten – vereinfacht ausgedrückt - nicht über ein mythisches Glaubenssystem hinausgehen. Der aufkommende analytische westliche Ansatz brachte Methoden der Erforschung, die es erlaubten, viel mehr ins Detail zu gehen. Das führte oft dazu, das Leben zu sezieren und dabei den Sinn fürs Ganze aus den Augen zu verlieren. Diese analytische Herangehensweise erweiterte den Gebrauch unserer geistigen Fähigkeiten, insbesondere des intellektuellen Teils, und brachte die Gefahr, sich in Büchern zu verlieren, die über die Erfahrungen anderer Menschen sprechen und uns dazu bringen, unser eigenes Erleben zu vernachlässigen.

Viele Erforscher der spirituellen Wissenschaft der unsichtbaren Dimensionen haben im Laufe der Jahrhunderte eine Fülle von Einsichten und Wegen zum Erforschen beigetragen, wie Rudolf Steiner, Edgar Cayce, Harry Edwards, Alice Bailey, mein Lehrer Bob Moore und viele andere. Ihre Vorschläge, wie man Zugang zur persönlichen Erfahrung der inneren Welt erlangen kann, wurden allerdings oft nicht konsequent genug befolgt, da dies Jahre, wenn nicht Jahrzehnte engagierter Arbeit der Annäherung an die eigene innere Welt erfordert. Dies kann durch Traumdeutung, Meditation, Übungen zur Energiewahrnehmung geschehen, müsste aber immer in einer täglichen Disziplin des Umgangs mit der eigenen physischen Realität, mit der Beziehung zu anderen, zur Arbeit, zum Geld, zu den Emotionen und zur Liebe zur physischen Welt im Allgemeinen verankert sein: Haustiere, Kinder, Familie, Natur, etc.

Die Erforschung des Unsichtbaren kann nicht allein durch den Glauben an äußere Autoritäten erfolgen. Der einzige Ausweg besteht darin, einen individuellen Weg der persönlichen Erfahrung zu gehen, der die eigene Autorität stärkt und zu lernen, die Illusionen der Ego-Strukturen klar zu überwinden.

Ich fand ein anderes Wesen neben ihnen, das sich als ein Feuerelementarwesen entpuppte. Es war aufgeregt. Also fragte ich es, ob ich etwas für es tun könne. Es sagte: Ja. Willst du mir sagen, worum es geht? - Nein Soll ich dir eine Fernheilung mit meiner Harfe schicken, wenn ich nach Hause komme? - Ja Das tat ich, und kurz darauf erhielt ich die Nachricht, dass es ihm jetzt gut gehe. Als ich von der Quelle wegging, wurde ich von einer Welle tiefer Traurigkeit überflutet. Offensichtlich hatte dieses Feuerelementar eine tiefe Tragödie erlebt.

Jetzt, wo ich diesen Absatz schreibe, fragte ich ihn, ob er mir mitteilen jetzt wolle, worum es anderntags ging - Ja.

Nach einer Reihe von Fragen, die wie üblich mit Ja oder Nein beantwortet wurden, sagte er, dass er und seine Kollegen den bevorstehenden Krieg in der Ukraine und den übermäßigen Missbrauch von Feuerwaffen kommen sahen, der so großes Leid verursachen würde. Er und seine Kollegen, die Feuergeister, empfanden es als eine persönliche, überwältigende Tragödie, dass Feuer missbraucht würde, um solches Leid zu verursachen. Er sagte, er sei immer noch bestürzt, habe sich aber mit der Tatsache abgefunden, dass Menschen Feuer oft missbrauchen. Er hatte einfach diese Trauer, als der Krieg begann.

Mein Weg begann mit einem Universitätsstudium der Volks- und Betriebswirtschaftslehre. Dies brachte mir eine gewisse Vorstellung von akademischer Strenge und Methodik aber auch die Erfahrung, dass damals z.B. nie vom Menschen in Betrieben gesprochen wurde. Bald darauf begann ich ein langes Studium meiner inneren Welt durch Therapie, persönliche Entwicklung und ein zwanzigjähriges Studium des spirituellen Heilens und der Meditation bei Bob Moore*. Die Essenz seiner Lehre konzentrierte sich auf das Erforschen und Erleben von Gefühlen und unseres spirituellen Selbst. Ich setzte diese Arbeit fort, indem ich unterrichtete, musikalische Improvisation und die Gefühlsdimension der Musik erforschte sowie den mystisch devotionalen Weg erkundete.

Da ich in meiner persönlichen und beruflichen Arbeit die List und Tücke des Egos beobachtet habe, bin ich zu der Überzeugung gelangt, dass ein wirklicher Fortschritt auf lange Sicht nur erreicht werden kann, wenn man seinen Weg mit gleichzeitig vier unabhängigen Entwicklungssäulen absichert: objektive Energiebewusstseinsübungen (wie Bob Moore sie lehrte), authentischer spontaner künstlerischer Ausdruck, eine hingebungsvolle Praxis (im Wesentlichen der Glaube an die göttliche Dimension und deren Erkundung) und Meditation. Die Verwendung dieser vier Säulen verhindert, dass wir uns in den Illusionen eines einzelnen dieser Pfade verfangen. Meditation kann dazu führen, dass wir die innere Arbeit mit unseren Emotionen grösstenteils vermeiden, ebenso wie das Gebet, der künstlerische Ausdruck oder auch Übungen zur Energiewahrnehmung allein. Geht man nur einen oder zwei dieser Pfade, so wird man die eigenen blinden Flecken kaum jemals erkennen. Unsere Egostrukturen erfordern einen grösseren Einsatz, um also solche erkannt und überwunden zu werden.

Die Erforschung des Unsichtbaren, einschließlich der Kontakte mit den Wesen der unsichtbaren Dimension, bereichert sich durch diese innere Transformationsarbeit, da sie uns allmählich Zugang zur oberen Schicht des Reflektor-(Wärme-)Äthers und damit zur universellen Weisheit und zu den Naturgeistern verschafft. [2] Uns diesen Zugang zu verschaffen muss durch Transformationsarbeit verdient werden. Bei dieser geht es im Wesentlichen um den Abbau unserer egoistischen Motivationen.

*) Spiritueller Lehrer, Dänemark, 1929-2008

*Im November 2017 nahm ich Kontakt mit dem **Elementarwesen des Flusses Nore** in Irland auf. Das Elementarwesen befindet sich an seiner nördlichsten Biegung in der Nähe von Bishopswood, wo der Fluss seine Reise in Richtung Süden beginnt. Der Fluss Nore (irisch: An Fheoir) ist einer der wichtigsten Flüsse in der südöstlichen Region von Irland. Der 140 km lange Fluss entwässert etwa 2 530 Quadratkilometer in Leinster und Munster. Der Fluss beherbergt die einzige bekannte Population der vom Aussterben bedrohten Nore-Süßwasserperlmuschel, und ein Großteil seiner Länge ist als besonderes Schutzgebiet ausgewiesen. Die Wasserbehörde von Abbeyleix hatten, so das Wasserelementarwesen des Flusses, seit zwei Jahren zu viele Chemikalien in das Abwassersystem eingeleitet. Viele der Chemikalien gelangten schließlich in den Fluss Nore. Diese Wasserelementarwesen sind für die gesamten Wasseranlagen (Seen, Teiche, Klärbecken, Kanäle, etc.) in ihrem Gebiet zuständig, nicht nur für den Fluss selbst.*

Ich bin auch sehr dankbar, dass ich die Christus-Briefe entdeckt habe, die zu Beginn des 21. Jahrhunderts von einer 80jährigen anonymen Engländerin gechannelt und veröffentlicht wurden. Diese Briefe geben uns einen unschätzbaren Einblick in die Gesetze des Universums, die Gesetze der Schöpfung und treffen auf die Erkenntnisse der Quantenfeldtheorie. [11]

In den Schriften von Federico Faggin über das Bewusstsein und die Quantenfeldtheorie fand ich viele Parallelen zu den Christusbriefen und spürte, dass es eine mögliche Begegnung mit der spirituellen Wissenschaft des Unsichtbaren gibt. Faggin machte mir klar, dass die verschiedenen Energiefelder, von denen wir Menschen ein Teil sind und aus denen wir bestehen, jeweils eine völlig eigene Sprache haben [12]. Ein Erfahrungsfeld hat nicht unbedingt einen direkten Kontakt oder ein Wissen über andere Felder. Als ob sie alle völlig unabhängige Erfahrungswelten wären.

Vier Ebenen der Gefühle

Neuere Forschungen in der Philosophie zeigen, dass das Bewusstsein im Wesentlichen auf Gefühlen beruht. Das bedeutet, dass, um ein Bewusstsein zu haben, im Grunde kein Gehirn erforderlich ist. Das Wort Gefühl wird auf unterschiedliche Weise verwendet:

1) körperliche Empfindungen als Gefühle bezeichnen. Eine andere Ebene sind die Gefühle, die den Astralbereich betreffen, d.h.
2) schmerzhafte Emotionen des unteren Astralbereichs (wie Wut, Angst) und
3) verfeinerte Gefühle (wie Freude, Mitgefühl, Gelassenheit), als die obere Klammer des Astralbereichs. Doch auch darüber hinaus, auf einer spirituellen Ebene, können feinere Gefühle beobachtet werden.

Das göttliche Feld kann nur durch

4) subtile, höhere spirituelle Gefühle erforscht werden. Das gibt uns die Möglichkeit, verschiedene Phänomene in diesem Feld zu unterscheiden und wahrzunehmen.

Wir finden kaum Worte, um sie zu beschreiben, aber auf der Gefühlsebene wissen wir, dass sie sich deutlich unterscheiden und Teil einer spirituellen, aufsteigenden, lichtvollen oder geistigen Qualität sind. Die Unterscheidung zwischen diesen verschiedenen Gefühlsebenen ist sehr wichtig. Sie zu vermischen, verzerrt das Verständnis unserer Wahrnehmung und schafft viele Illusionen.

*Als **das große Elementarwesen des Rhone Flusses** bin ich der Geist der Rhone. Meine Aufgabe ist es, die unzähligen mittleren und kleinen Wasserelementarwesen bis hin zu den winzigen Undinen zu beraten und zu unterstützen. Ich weiß alles, was zu einem bestimmten Zeitpunkt in meinem gesamten Flusssystem geschieht. Mein Ankerpunkt befindet sich auf der Insel südlich von Lyon.*

In Eurer Erklärung heißt es:
"Den Vorrang des Wassers als universelle Ressource, die für unser Überleben und das zukünftiger Generationen unerlässlich ist, festschreiben".

Alle Lebewesen bilden eine Gemeinschaft von fühlenden und bewussten Wesen. Das Wasser und seine Elementarwesen haben keinen besonderen Vorrang, denn das Leben hängt von den Handlungen aller ab. Als Geist der Rhone bin ich nur ein Akteur unter den Geistern der Natur.
Wir freuen uns über das Interesse an der Rhone durch Eure Initiative. Diesem Wasserweg einen Status und eine Rechtspersönlichkeit zu geben, ist sicherlich eine gute Idee. Aber das reicht nicht. Ein Flusssystem ist nur der materielle Aspekt. Das grundlegende Problem entstand, als die Menschen in der Umgebung des Flusssystems vergaßen, dass jeder Baum, jeder Hügel, jeder Wald und jeder Fluss bewusste Wesen hat, die sich um es kümmern. Indem sie uns als rein physische Objekte betrachten, haben sie den Respekt verloren vor dem fühlenden Wesen hinter dem physischen Aspekt, als ein delegiertes Wesen des himmlischen Vaters und der Erdgöttin, der Dea Mater, Demeter.
Wir warten schon seit Jahrhunderten auf die Wiederaufnahme der Zusammenarbeit zwischen euch Menschen und uns Naturgeistern.

Parallele Welten

Die verschiedenen Aspekte der Gefühle ermöglichen es uns, völlig unterschiedliche Parallelwelten zu unterscheiden. Wenn wir ausschließlich in einer leben, wissen wir womöglich nichts von den anderen, gleichzeitig existierenden Welten. Die Welt der mentalen Dimension z.B. besteht aus Gedanken und Bildern und ist völlig verschieden von der astralen Dimension der schmerzhaften Emotionen und friedlichen Gefühle. Die körperlichen Empfindungen wiederum brauchen weder Gedanken noch Emotionen und leben auf einer ganz anderen Erfahrungsebene: Juckreiz, Druck, Schmerz, etc. Dasselbe gilt für den Zugang zu geistigen Dimensionen durch höhere und feinere Gefühle. Selbst auf der ätherischen Ebene (die wir als träumerisch, unterschiedlich strukturiert usw. erleben) ist der Unterschied zwischen chemischem Äther, Lichtäther und Reflektoräther beispielsweise so groß, dass Gnome und Undinen, die im chemischen Äther arbeiten und existieren, nichts von den Salamandern wissen, die im Wärme-/Reflektoräther arbeiten. Sie können nicht miteinander kommunizieren, außer mit Hilfe der Devas.

Voraussetzungen für Beobachtung und persönliches Erleben

Es ist eine Tatsache, dass die Erforschung der unsichtbaren Welten, der inneren Gefühle, eine Verankerung in der physischen Realität voraussetzt, die es uns ermöglicht, mit der Körperlichkeit unserer Lebensumstände harmonisch und verantwortlich umzugehen. Andernfalls sind wir mit den Projektionen unserer inneren Ängste konfrontiert und nicht in der Lage, Freund und Feind zu unterscheiden. Wie können wir eine echte Unterscheidung treffen? Woher wissen wir, mit wem wir kommunizieren oder woher ein Channeling oder ähnliches kommt? Ist es das Ego, ist es 100% rein oder nur 90%?

Unterscheidungsvermögen entsteht durch richtige Erdung, das Wissen um unsere inneren Ängste und die Art der Verschleierung, die wir gelernt haben, um unser Verständnis von der ursprünglichen Wahrnehmung zu trennen.

Jegliche Kommunikation mit unsichtbaren Wesen muss für mich konsistent (in sich logisch) und kohärent sein (ohne sich im Laufe der Zeit zu widersprechen).

*Bei mehreren Gelegenheiten nahmen die **Wasserelementarwesen ganzer Flusssysteme** (der Dordogne, des Lots und der Loire) Kontakt zu mir auf. Die ergiebigen Regenfälle hatten ungewöhnliche Mengen an Erde in ihre Flüsse gebracht. Sie brauchten Hilfe, um damit fertig zu werden. So wie ich es z.Z. verstehe, verbindet die Fernheilung sie mit einigen Spezialisten des göttlichen Feldes, mit denen sie selbst keinen Kontakt aufnehmen können. Sie berichten hinterher immer, dass die Fernheilung geholfen hat.*

Die zahlreichen Kontakte und Erklärungen, die ich im Laufe der Jahre erhalten habe, zeigen die vielen Aufgaben, die diese Elementarwesen täglich zu bewältigen haben und die uns meist nicht bewusst sind.

Die Tatsache, dass in diesem Buch Dialoge mit mehreren Wasserelementarwesen von Flusssystemen erscheinen, ist auf den weltweiten Erfolg der Rights of Nature-Bewegung* zurückzuführen, die den Flüssen gesetzliche und manchmal sogar verfassungsmäßige Rechte zuspricht. Es spiegelt ein wachsendes Bewusstsein dafür wider, dass Wasser der Träger des Lebens ist.

Ich sende seit vielen Jahren Fernheilungen. Fernheilung richtet sich gewöhnlich an Menschen, die darum gebeten haben. Ich habe oben beschrieben, wie vor einigen Jahren Naturgeister begannen, mit mir in Kontakt zu treten und mich um Heilung zu bitten, wobei sie mir sagten, dass ein Gebet hilfreich sein würde. Danach ließen sie mich wissen, dass es das war, was sie gebraucht hatten. Ich fragte mich, was da passiert und was wir eigentlich beitragen, was sie nicht selbst tun können?

*) Ich bin seit 2019 Mitglied von GARN (Global Alliance fort he Rights of Nature)

Sie muss einen neuen Aspekt einbringen und nicht nur für uns, sondern für ein Gebiet, wenn nicht sogar für den ganzen Planeten nützlich sein. Sie muss unseren freien Willen respektieren, d.h. sie darf keinen Ego-Aspekt enthalten, wie z.B. Macht zu wollen, auf ein Podest gestellt zu werden, mir zu schmeicheln oder ähnliches.

Die Schwierigkeit besteht, klare Fragen zu stellen und die Antworten richtig zu verstehen. Das erfordert Übung.

Kontaktaufnahme mit unsichtbaren Wesen
Die Kontaktaufnahme mit unsichtbaren Wesen geschieht bei jedem Menschen auf eine andere Weise. Jemanden nachzuahmen funktioniert in der Regel nicht, da wir auch akzeptieren müssen, wer wir sind, was unser spezifischer Beitrag sein könnte und für wen wir daher nützlich sein können. Ich nehme an, es hängt weitgehend von der reinen Motivation der Person ab. Eine egolose Motivation funktioniert am besten.

Doch viele Schritte kann jeder sofort tun, wie z.B. sich für die Naturgeister interessieren, sie pflegen, die Schönheit eines Baumes, einer Blume, eines Waldes, einer Wiese sehen und den daran beteiligten Wesen danken, sie grüßen, ihren Beitrag würdigen, usw.

Prinzipien der Zusammenarbeit mit Geistwesen
Drei Prinzipien kommen mir in den Sinn.

- Klarheit und Ehrlichkeit unserer Motivation
- Unsere Bereitschaft, zum Gemeinwohl beizutragen
- Offenheit gegenüber göttlichen Impulsen und Inspirationen

Wir müssen die Ego-Vorurteile kennen, mit denen wir arbeiten: möchten wir, dass andere uns besonders mögen, wollen wir Geld, Macht, Anerkennung. Wir können nicht wirklich mit nützlichen Wesen der unsichtbaren Dimension kommunizieren, solange wir uns selbst nicht akzeptieren. Wir können nicht ehrlich motiviert sein, Dinge zu tun, nur damit andere uns mögen.

Mein Kontakt mit den **Pegasus-Wesen** begann im Februar 2013 mit einem Traum von Raumschiffen, die in der Nähe des Meditationszentrums landeten, das ich zu einem Retreat besuchte. Am nächsten Morgen, nachdem ich den Traum erzählt hatte, übermittelten sie ein Channeling durch meine Freundin Eva Høffding. Was mir an dem folgenden Text auffällt, ist die besondere poetischen Sprache. Eva channelt verschiedene Wesen und jedes hat seine ganz eigene Sprache.

Wir kommen von weit her

Wir treten in deine Einsatzgruppe (Task Force) ein.
Wir sehen mit milden Augen, was hier vor sich geht.
Wir bereiten uns auf ein Schicksal mit Liebe vor.
Seht, wir kommen von weit her.
Wir kommen durch eure Träume
als ein Mittel der Kommunikation.
Es ist nicht immer leicht für uns, aber wir sehen euer
Bestreben, das wir ehren
und eine Antwort darauf bringen wollen.
Unsere Welt ist anders als eure
und doch in einigen Aspekten ähnlich.
Wir kommen von weit her:
Unter uns - die Erde, oben - der Himmel.
Wir grüßen euch mit Mitgefühl, Liebe und Wärme in
unseren Herzen.
Wir sehen euch in der kommenden Zeit gedeihen.
Wir werden eurer Realität näherkommen.

Sie zeigten sich gleich danach in einer Meditation mit dem Symbol eines weißen geflügelten Pferdes. Erst danach wurde mir klar, dass es auch 'Pegasus' genannt wird und dass Pegasus eine Sternenkonstellation in der Nähe von Andromeda ist. Dann wurde mir klar, dass in der Nähe dieses Zentrums tatsächlich eine Reihe von Raumschiffen stationiert war, wie auch in der Nachbarschaft, wo wir in Frankreich leben.

Über Bewusstsein und den ganzen Raum, der mit Wesen gefüllt ist

Wir sind nicht gewohnt, die 'Schöpfung' als bestehend aus Bewusstsein, allen erdenklichen Wesen und deren Raum zu verstehen: Rauchwesen, Nebelwesen, Maschinenwesen, Klangwesen, Gedankenwesen, Wolkenwesen, Fluch Wesen, Stuhlwesen, Scherenwesen, Naturgeister, Windgeister, Tiere, Insekten, Bäume, Landschaftsengel, Flussgeister, Menschen, Hausgeister, Nationenengel, globale Gefühlsgeister, usw.

Ich bemühe mich seit Wochen nun mich mit dieser Tatsache zu befreunden und näher zu erfassen, was das Wesentliche bei ‚Wesen' ist. Meine Begegnungen mit einigen von ihnen helfen mir nach und nach ein Gefühl für das Phänomen ‚Wesen' zu bekommen.

Aus eigener Erfahrung kenne ich eine Reihe von Wesen, die man als Wesen aus anderen Welten bezeichnen könnte: mythologische Wesen, ET's, Wesen aus dem magischen Bereich. In einem meiner Bücher habe ich die acht Wesen des magischen Reiches beschrieben: den Magier, das Einhorn, den Drachen, das Licht, die weiße Fee, den kerzentragenden Hirsch, die Eule und den Kobold. [7]

Im Bereich der Mythen gibt es zahlreiche Wesen, die hauptsächlich in ihrem geografischen Herkunftsgebiet vorkommen: die nordischen Fabelwesen, die römisch-griechische Zone, die keltische Zone, Afrika, Nordamerika usw.

In unserer Nähe in Südwestfrankreich hatte ich einen kurzen Dialog mit einem Riesen, der in einer hier bekannten bemalten Höhle lebt und sich darüber beschwerte, dass ‚seine' Höhle nun vermehrt für den Tourismus genutzt wird. Eines Tages tauchte er mit einer Kommunikationslinie zum Kristall auf (S. 94). Jedes Mal, wenn ein Wesen mit mir in Kontakt treten will, tut es das, mit einer zum Kristall konvergierenden Energielinie. Ich kann dann fragen, wer es ist und was es will. Ich kann auch darum bitten, dass diese Linien um ein beliebiges Objekt herum auftauchen, auch um meinen Körper herum. Der Kristall ist offenbar dazu nicht unbedingt notwendig.

Was ist ein Wesen? - Was ist allen Wesen gemeinsam?

„Ein Wesen kann definiert werden als durch den **Willen** (eines anderen Wesens) geschaffen und eine - materielle oder immaterielle - **individuelle Existenz** zu besitzen, eine Art von **Bewusstsein** zu haben, ein **Gedächtnis** und einen **Zweck** zu haben sowie einen - wenn auch manchmal streng begrenzten - **Willen**, diesen Zweck zu verfolgen und das **Potential** zur Weiterentwickelung in sich zu tragen. Jedes Wesen bewohnt einen **Raum** (ein physisches Objekt oder einfach einen Energieraum), um den es sich kümmert.

Die Beziehung zu tatsächlichen Wesen, abgesehen vom Konzept von Bewusstsein oder Raum, bringt etwas Realeres, mit dem wir einigermassen vertraut sind. Wir wissen, wie wir kommunizieren können, selbst wenn der Partner ein Gruppenwesen oder ein höheres Wesen ist. Ich beobachte, dass wir oft eine vorgefasste Meinung über das Wesen haben, mit dem wir Kontakt aufnehmen wollen. Das kann ein Hindernis sein. Wir können zum Beispiel an einer selbst konstruierten Projektion über Wesen aus den höheren Engelshierarchien festhalten. Obwohl wir nie genau wissen werden, wie sie sind, setzen wir uns z.B. selbst herab und stellen sie auf ein unwirkliches Podest. Natürlich verfügen sie wahrscheinlich über unermessliche Weisheit und Wissen und leben in einer völlig parallelen Welt, die wir uns kaum vorstellen können. Meiner Erfahrung nach sind sie sachlich und akzeptieren uns in gewisser Weise als Ebenbürtige. Sie verhalten sich nicht überlegen und sind in der Regel sehr hilfreich in der Zusammenarbeit.

Obwohl alles Bewusstsein immer mit einem Wesen und einem Raum verbunden ist, zeigt es sich, dass es eine große Vielfalt an Bewusstseinsgraden, mehr oder weniger freiem Willen, Entwicklungspotenzial oder Ausdrucksebenen gibt. Alle Wesen haben die Fähigkeit, Erinnerungen zu sammeln, auch wenn dies bei einigen eher wie eine automatische, unbewusste Speicherung dessen geschieht, was sie tun und was um sie herum während ihrer Existenz geschieht. Dennoch halten sie sich, in Ermangelung uns vertrauter Ausdrucksmöglichkeiten, um den Inhalt ihrer Erinnerung darzustellen oder mitzuteilen, auf ein Minimum an Kommunikation beschränkt." (Zitiert aus [2])

Elementarwesen in Kirchen

Bei mehreren Gelegenheiten habe ich die vier Elementarwesen (ein Gnom, eine Undine, ein Salamander und eine Sylphe) wahrgenommen, die durch den Willen einer Kirchenautorität über kreisförmigen Mosaikmustern auf Kirchenböden in Position gehalten wurden (drei in Ligurien - Dolcedo, Imperia und San Paragorio in Noli, sowie in der Basilika von Brioude in Ostfrankreich). Es ist, als ob die kreisförmigen Mosaikformen absichtlich dort in den Boden eingelassen worden waren, um die erzwungene Anwesenheit der Vertreter der Naturgeister zu empfangen. Ein kontrollierendes Astralwesen scheint im Auftrag dieser Kirchenautorität zu handeln, der manchmal schon lange zurückliegt. Seine einzige Aufgabe besteht darin, mit Hilfe von quälenden Astralwesen Druck auf die Elementargeister dieser Kirchen auszuüben.

Das Seltsame war, dass sich Astralwesen und Zwang auflösten, sobald ich ihr Versteck fand, und damit ihre Macht über den Raum beendete. Ihr Versteck war eindeutig so gewählt, dass sie nicht leicht entdeckt werden konnten, z. B. nie in dem Gebäude oder Raum, den sie beeinflussen sollten. Dies weist darauf hin, dass diese kontrollierenden Wesen im Dunkeln verborgen operieren sollten und dass sie sich, sobald man ihr Versteck findet, auflösen und nicht mehr wirken können. Das deutet auf Manipulation hin, auf das Aufzwingen eines Willens ohne die Zustimmung der betroffenen Wesen. Auch Fluch Wesen arbeiten auf diese Weise.

"Das universelle Bewusstsein des Seins wurde zum Impuls eines individualisierten Ich-Bewusstseins, das nach Selbstdarstellung verlangt. Leben und Ich-Bewusstsein sind in der Dimension der Materie synonym. Sie wurden zum Bewusstsein der 'Materie'." Brief 5/ S. 21 [11]

"Es gibt nichts im Universum, das nicht sichtbar gemachtes Bewusstsein ist." Brief 5 / S. 17 [11]

‚Sichtbar' bedeutet hier ‚wahrnehmbar', ob für das physische Auge sichtbar oder unsichtbar. 'Materie' bedeutet hier alle: sichtbaren oder unsichtbaren Manifestationen.

"Die Natur des universellen Bewusstseins ist Absicht, inaktiv und im Gleichgewicht ... ein unendlicher, ewiger, grenzenloser Zustand kraftvoller Absicht - ursprünglich, rein, schön. Diese Absicht ist, seine Natur auszudrücken." Brief 5 / S. 17 [11]

Die Universelle Absicht ist es, der Schöpfung eine individuelle Form zu geben und sie zu erleben. Das ist der Grund, warum Wesen geschaffen werden, selbst auf der kleinsten Ebene eines Gedankens, einer Musiknote oder eines einzelnen Weizen- oder Grashalms. Alles Leben entsteht in Form von Bewusstsein, das sich in einem sichtbaren oder unsichtbaren Raum und Wesen manifestiert.

"Das Bewusstsein existiert nicht in den Teilchen, Atomen oder Molekülen, sondern in den (Quanten-)Feldern und den Feldern von Feldern, von denen Teilchen, Atome und Moleküle Zustände sind. Die Felder sind also bewusst, nicht die Zustände." F. Faggin [12]

Das bedeutet, dass physikalische Einheiten wie ‚ein Baum', ‚eine Blume' oder ‚ein Fluss' nicht als solche bewusst sind, wohl aber das mit ihnen verbundene bewusste Wesen - das Bewusstseinsfeld.

Bewusste Wesen sind im Wesentlichen individuelle bewusste Energie-felder, die einen physischen Körper haben können oder auch nicht.

Interview mit einem Elementarwesen der 5. Art

Ich bemerke eine Energiesäule hinter unserem Haus und möchte wissen, was oder wer das ist

Welche Art Wesen bist Du?
Bist Du ein Geistwesen? – ja
Bist Du ein Lichtwesen? – ja (im Gegensatz zu nicht respektvollen Wesen)
Bist Du ein Wesen aus der Hierarchie der Engel? – nein
Bist Du in Naturgeistwesen? – ja
Bist Du ein Naturgeistwesen, das mit einem der fünf Elemente verbunden ist? – ja
Bis Du ein Wesen des Erdelementes – nein
...des Wasserelementes – nein
...des Feuerelementes – nein
...des Luftelementes – nein
Bist Du somit ein Wesen der 5ten Art? – ja
Bist Du ein kleines Wesen dieser Art? - nein
...ein grosses Wesen dieser Art? – nein
...ein sehr grosses Wesen dieser Art? – nein
(davon gibt es z.Z. nur drei in Frankreich)
...ein mittleres Wesen dieser 5ten Art? – ja
Gibt es überhaupt kleine Elementarwesen dieser 5ten Art, die mit den Gnomen, Undinen, Salamandern oder Sylphen vergleichbar sind? – nein
Du bist demnach ein mittleres Elementarwesen der 5ten Art – ja
Deine Hauptaufgabe besteht darin die Zusammenarbeit zwischen Menschen und Naturgeistern zu ermutigen – ja
Ist Dein Standort an einen festen Ort gebunden? – nein
Du bist demnach nicht an eine Pflanze, einen Baum, etc. gebunden? – nein
Du kannst Dich frei bewegen und selber entscheiden wo du sein willst – ja
Ist Dein geographisches Tätigkeitsgebiet eingegrenzt – ja

Bewusstsein wird von einem Wesen getragen und bewohnt einen Raum. Bewusstsein, Wesen und Raum bilden ein untrennbares Ganzes. Raum bedeutet hier nicht Leere, sondern eine Manifestation von Leben und Bewusstsein auf einer physischen oder subtilen Energieebene.

Arten von Wesenheiten
Die Vielfältigkeit der Arten von Wesen ist unfassbar. Die Schwierigkeit eines analytischen Vorgehens kann dazu führen, dass man immer mehr Details und Typen entdeckt und dabei allmählich den Sinn für das Ganze verliert. Es ist vergeblich, ein ‚endgültiges' Schema aller Wesen mit Namen für Kategorien erstellen zu wollen, weil u.a. jeden Tag neue Arten von Wesen auftauchen. Mein Ziel bei der Erforschung des Folgenden ist es, ein Verständnis dafür zu bekommen, was Wesen sind, welche Funktion sie haben und eine Ahnung der Vielfalt der Wesen zu erhalten.

Wir können sensibler werden für die Tatsache, dass die Welt mit aller Art Wesen gefüllt ist, und versuchen uns der Funktion von Bewusstsein und Wesen bewusst zu werden. Alle materiellen Dinge werden von Wesen erschaffen, haben immer eine Art von Bewusstsein UND ein Wesen bei sich.

Empfindungsfähige Wesen
Dazu zählen Menschen, Tiere, die meisten Wesen der 21 Ebenen. Empfindungsfähige Wesen sind in der Lage, Gefühle bewusst zu empfinden. Empfindungsfähigkeit ist die Fähigkeit Einflüsse zu wahrzunehmen und zu spüren, ob sie für das Fortbestehen des Wesens positiv/förderlich oder negativ/hinderlich sind.

Der englische Begriff ‚sentient being', ‚empfindendes Wesen' stammt vom lateinischen Begriff *sentientem*', der *Gefühl*' bedeutet. Empfindungsfähige Wesen können physisch oder nicht-physisch sein. Bei einer streng anthropozentrischen Betrachtungsweise hängt es von dem menschlichen Bewusstsein (von Individuum, Gruppe, Staat, Gesetz) ab, wie ein Wesen wahrgenommen wird und ob es als empfindungsfähig gilt oder nicht. Ein fühlendes Wesen kann Dinge fühlen, wahrnehmen und spüren. Fühlende

Ist dieses Gebiet etwa ein Quadratkilometer gross – ja
Man findet jedoch nicht alle Quadratkilometer ein Wesen
der 5ten Art – nein
Gibt es zurzeit in der Dordogne 15 Naturgeistwesen der 5ten
Art – ja
Sechs von Euch befinden sich zurzeit auf dem Gut Eyssal
(Buch Erd-Heilen, S. 199 [1]) - ja
(ich führe hier nicht alle Teilfragen auf, die mir erlaubt haben die genaue
Anzahl Wesen zu finden. Ich komme weiter unten darauf zurück, wenn ich
eine Jahreszahl herausfinden will.)

Dein Daseinsgrund

Bleibst Du längere Zeit hinter unserem Haus? – Ja
Bist Du hier unserer Zusammenarbeit mit den
Naturgeistwesen wegen – ja
Umfasst Deine Tätigkeit hier mehr als nur beobachten – ja
Bringst Du auch Impulse für unsere Arbeit – nein
Sind es nur die Wesen der Engelshierarchie, die Impulse
bringen können – ja
Besteht Deine Aufgabe darin die Kommunikation zwischen
Menschen und Naturgeistwesen zu erleichtern – nein
Willst Du damit sagen „überhaupt nicht" – nein
Oder meinst Du damit „nicht genau" – ja, so ist es
Besteht Deine Aufgabe darin den Naturgeistwesen zu
erklären was wir tun in Sachen Kooperation – ja
Ist dies Deine Hauptaufgabe – ja
Brauchst Du die Naturgeistwesen zu unserer Kooperation zu
motivieren – nein
Liegt der Grund darin, dass sie von Natur aus motiviert sind
mit uns zusammen zu arbeiten – ja
Musst Du ihnen unsere Vorgehensart erklären – ja
Beruht die darauf, dass Du diese Kooperationsprozesse
verstehst – ja
Musstest Du eine Art Ausbildung absolvieren um hier Deine
Rolle auszuüben – nein
Sagst Du damit, dass dies eh in Deiner Natur als Geistwesen
der 5ten Art liegt – ja

Wesen haben ein Bewusstsein für ihre Umgebung, Empfindungen und die Fähigkeit, auf etwas zu reagieren. Ein Wesen, das über Sinne verfügt, hat Ebene 1 Gefühle, d.h. es kann riechen, berühren, sehen oder hören. Es ist aber nicht unbedingt empfindungsfähig für astrale und spirituelle Gefühle. Empfindungsfähige Wesen haben im Allgemeinen einen freien Willen und ein Bewusstsein ihrer selbst. Das Ausmaß, in dem sie Glück, Traurigkeit, Schmerz, Freude und Angst empfinden, ist von Art zu Art unterschiedlich.

Wesen mit sehr begrenzter Empfindungsfähigkeit

Rauchwesen, Nebelwesen, Maschinenwesen, Klangwesen, Gedankenwesen, Kontrollwesen, Stuhlwesen, Scherenwesen, usw. Während das einzelne Wesen dieser Kategorie in seiner Empfindungsfähigkeit sehr eingeschränkt sein kann, ist dies bei seinem ‚übergeordneten' Gruppenwesen weniger der Fall. Wenn wir mit ihnen kommunizieren, ist nicht immer klar wer uns antwortet, ein einzelnes Wesen oder Gruppenwesen.

Es gibt nicht empfindungsfähige rudimentäre Formen von Wesen, wie Maschinenwesen, Klangwesen oder Gedankenwesen. Jeder auf einem Musikinstrument erzeugte Ton und jeder Gedanke bewirken eine Energiebewegung oder -struktur, die gleich von einem Wesen mit einer manchmal begrenzten Lebensspanne besetzt wird. Die gefühlten Wahrnehmungen und Gefühle (Kategorie 1, 3, 4, Seite 29) schaffen keine solchen ‚künstlichen' Wesen, da sie Teil eines natürlichen, unmittelbaren Kreislaufs sind, der uns mit der Natur und der Schöpfung verbindet. Die Wahrnehmungen einer Farbe, eines Klangs, eines Geschmacks, eines Geruchs usw. sind gefühlte Wahrnehmungen, wie Faggin es ausdrückt. Sie haben es nicht nötig, ein Wesen zu erschaffen und als solches weiter zu existieren, möglicherweise weil sie keinen anderen Zweck zu erfüllen haben, als Teil eines Kreislaufs in der Gegenwart zu sein. Erst wenn wir einen Gedanken produzieren, der mit einer gefühlten Wahrnehmung verbunden ist, wird ein Gedankenwesen geschaffen.

Ein Gedanke wird mit einem Zweck erschaffen: Er soll ausgedrückt, erinnert, verstanden werden, eine Reaktion, einen Kreislauf auslösen. Sobald dieser Kreislauf abgeschlossen ist, ihr Zweck erfüllt, gehört,

Wann bist Du erschienen?

Bist Du, als Wesen der 5ten Art, ein relativ neueres Wesen
– ja
Wurdest Du vor dem Jahr 2000 geschaffen – ja
…vor 1990 – nein
…nach 1990 – ja (dies ist eine doppelte Überprüfung)
…vor 1995 – ja
…vor 1994 – ja
…vor 1993 – nein
Du wurdest als Wesen demnach 1993 geschaffen – ja
Wurden alle Wesen der 5ten Art im selben Jahr geschaffen
- nein
Wurden welche vor dem Jahr 1993 geschaffen – nein

Dein Daseinsgrund - 2. Teil

Ist Dein Dasein hier darin begründet die Naturgeistwesen
zu beruhigen – nein
Ist es Deine Aufgabe ihnen zu erklären was wir hier tun -
ja
Habe ich eine wesentliche Aufgabe Deiner Arbeit
vergessen - ja
Bis Du hier auch um weiter zu lernen, wie diese neue
Kooperationsart funktioniert - ja
Ist der Hauptgrund Deiner Gegenwart hier im Centre du
Vallon unsere Arbeit mit den Naturgeistern unter
Mitwirkung des Kristalls - ja (wir sprechen hier von der
Heilarbeit mit den Devas, Landschaftsengeln und den sehr
grossen Elementarwesen)
Ist es der Dagda, der diese Art Arbeit entdeckt hat - nein
Sind es C, die ursprünglich diese Art Arbeit ,erfunden'
haben - ja
Bist Du es wirklich, Naturgeistwesen der 5. Art der die
letzten beiden Fragen beantwortet hat - ja
Haben wir nun Deine Arbeit ausreichend beschrieben -
nein

verstanden, losgelassen ist, löst sie sich auf. Das Gleiche gilt für bewusst geschaffene Musiknoten. Ihr Wesen löst sich nach einer Weile auf, wenn diese Note gehört wird und damit ihren Zweck erfüllt. Dasselbe gilt für Maschinenwesen usw.

Sobald sie ihren Zweck erfüllt haben und z.B. im Falle eines Stuhls oder Baumes physisch zerstört werden, lösen sich diese Wesen auf oder gehen woanders hin. Alle Wesen haben die Fähigkeit, Erinnerungen zu sammeln, auch wenn dies bei einigen eher wie eine automatische, unbewusste Speicherung dessen geschieht, was sie tun und was während ihrer Existenz ‚um sie herum‘ geschieht. Dennoch halten sie sich aus Mangel an Ausdrucksmöglichkeiten auf ein Minimum, um den Inhalt ihres Gedächtnisses darzustellen oder mitzuteilen.

Geistwesen im Gegensatz zu ‚Nicht-Geist‘-Wesen
bzw. Wesen mit, beides, beschränktem Empfindungs- und Denkvermögen
Geistwesen sind nicht-körperliche empfindungsfähige Wesen, die eine bewusste Verbindung zur geistig-spirituellen Dimension besitzen. Manche nennen dies ‚Geist‘. Andere glauben, dass jedes Wesen, das sich z. B. in einem Interview äußern kann, Geist hat, wobei Geist nicht das Denken an sich ist, sondern der Inhalt des Denkens. Aber bedeutet die Fähigkeit, Gedanken formulieren zu können, dass das Wesen einen Geist hat, und ist es dasselbe, einen Geist zu haben, oder eine mentale Aura zu haben? Und bedeutet das Vorhandensein eines denkenden Geistes oder einer Denkfähigkeit, dass das Wesen auch eine bewusste Verbindung zur geistigen Dimension hat?

Es gibt weitaus mehr Geistwesen ohne physischen Körper als mit einem solchen. Es gibt eine Vielzahl von Geistwesen, von denen die Naturgeister und die Engelswesen des Göttlichen Feldes nur zwei Arten sind. Alle Wesen haben allerdings einen Bezug zu ‚Geist‘, zur spirituellen Dimension. Diese Verbindung kann aber bei ‚Nicht-Geist‘-Wesen auf einer sehr niedrigen Ebene sein. Die Kommunikation mit ‚Nicht-Geist‘-Wesen ist möglich, dürfte aber oftmals über ein vermittelndes Wesen geschehen z.B. eine Gruppenseele, eine Pflanzen Deva, oder einem Holzwesen bei einem Holztisch.

Ist es ein Teil Deiner Arbeit Informationen an grössere Wesen der 5. Art weiterzuleiten - nein
Liegt der Grund darin, dass diese ohnehin sogleich wissen was du weißt - ja
Bist du Mitglied einer Arbeitsgruppe mit anderen Wesen der 5. Art – ja
Ist dies eine Arbeitsgruppe, die diese neue Art der Kooperation studiert - ja
Haben wir Dein Arbeitsbereich genügend beschrieben - nein
Hast Du eine Lehrerfunktion gegenüber anderen Naturgeistwesen – nein
Besteht Deine Arbeit auch darin diesen Kooperationsprozess vor intrusiven Wesen zu schützen – ja
Möchtest Du uns mehr über diese Wesen sagen - nein
Haben wir nun das Wesentliche Deiner Arbeit erfasst - ja
Kommst Du geographisch gesprochen von einem bestimmten Ort – nein
Sind es andere Wesen, die Euch erschaffen haben - ja
Sind es Wesen der Engelshierarchie, die Euch erschaffen haben - ja
Sind es Wesen oberhalb der Ebene Nr. 10 – ja
...von jenseits der Ebene 15 – nein / gehören sie zur Ebene 11 – nein / zur Ebene 12 – nein / zur Ebene Nr. 13 – ja
In dieser Ebene Nr. 13 finden wir Wesen die man 'Kyriotetes' nennt – ja
Unter den verschiedenen Arten von Kyriotetes handelt es sich um diejenigen, die den Auftrag haben die Essenz der Unterweisungen Christi zu verbreiten – ja
Ist dies der Grund warum wir Euch auch Christus-Naturgeister nennen – ja
Diese Bezeichnung bezieht sich auf eine Qualität und nicht auf Mitglieder einer bestimmten Religion – ja

Unsichtbare Geistwesen

Wir können unterscheiden zwischen engelhaften Wesen: siehe Liste der Wesen des göttlichen Feldes und nicht engelhaften Wesen: ‚C', schamanische Lichtwesen die großen Elementarwesen, Dagdas, Devas, Salamander, Hausgeister, Gruppenseelen der Tiere und Insekten, Wesen der magischen und mythologischen Welten und viele mehr.

Sichtbare Geistwesen

die nicht zur Hierarchie gehören: Menschen

Versuch einer Übersicht über die Arten der Wesenheiten

Alle materiellen **Dinge** wurden von einem Wesen erschaffen

Wesen habe immer eine Art Bewusstsein

Widersacher-Wesen

Lichtwesen

Fluch Wesen
Die meisten
Widersacher-Wesen

fühlende Wesen

Wesen mit sehr begrenzter Empfindungsfähigkeit
Rauch-, Nebel-, Maschinen-, Ton-, Stuhl-, Scherenwesen, u.v.m.

xxx

Astrale Wesen

Geistwesen

Wesen mit, beides, beschränktem Empfindungs- und Denkvermögen*

unsichtbares Geistwesen

sichtbares Geistwesen

engelhafte W
Trinität

nicht engelhafte W
‚C', schamanische Lichtwese,
große Elementar- und Gefühlswesen
Magische und Mythologische Welten, etc.

Menschen

Gnome, Undinen, Sylphen
Gedankenwesen
Gedächtniswesen u.v.m.

Die Grenze dieses Schemas ist, dass Begriffe wie Bewusstsein, Geist, Empfindung viele Facetten haben. Eine Art Wesen kann zu verschiedenen, sich überschneidenden Kategorien gehören. Ich schließe in diesem Schema hauptsächlich Lichtwesen ein. Einige dunkle Wesen sind empfindungsfähig.

* Diese Wesen können mit Hilfe höherer Geistwesen mit uns kommunizieren, haben aber als solche keinen voll ausgebildeten Geist oder Denkvermögen.

Gibt es Wesen der 5. Art wie Dich überall auf der Welt – ja
Dies hat somit nichts damit zu tun ob man Christ ist oder
nicht - nein
Werden neue Wesen der 5. Art jeweils dann erschaffen,
wenn ein neues geographisches Gebiet dazu bereit ist – ja
Besteht Deine Arbeit im Wesentlichen darin Liebe,
Mitgefühl, gegenseitigen Respekt und Kooperation
zwischen Naturgeistwesen und uns Menschen zu bringen -
ja
Ist dies das Wesentliche an Deiner Arbeit - ja

*Können wir uns jetzt der Frage zuwenden **warum diese***
***Kooperation für unsere Zeit so wichtig ist** - ja*
Liegt der Grund darin, dass wir Menschen lernen müssen
verantwortungsvoller und bewusster zu werden was
unsere Beziehung zur Natur anbetrifft - ja
Damit wir die Natur vermehrt lieben, respektieren und
verstehen Lernen und alle die Prozesse, die in der Natur
vor sich gehen – ja
Damit wir u.a. vermeiden die Natur weiter zu schädigen -
ja
Damit wir auch lernen, wie wir die Natur heilen können - ja
Damit wir aktiver werden, was die Wiederherstellung und
das Aufrechterhalten einer harmonischen Koexistenz
anbelangt - ja
Dies bedingt, dass die Menschen lernen die Kräfte der
Liebe in der Natur (Devas) um Hilfe zu bitten, damit diese
voll und ganz in den Wachstums- und Heilungsprozessen
mitwirken – ja
Damit wir lernen wie unsere Gedanken und Gefühle diese
wohlmeinenden Kräfte einladen können an diesen
Prozessen mitzuwirken – ja
All dies trägt dazu bei, dass wir das Potential unserer
Gedanken besser verstehen lernen - ja

Dies veranlasst mich zu der Feststellung, dass eine Kommunikation, die auf Gefühlen beruht, ein direkter, unmittelbarer Kreislauf ist und sich von einer im Wesentlichen auf Gedanken basierenden Kommunikation deutlich unterscheidet. Ein Gärtner, der einen grünen Daumen hat, kommuniziert vielleicht intuitiv mit den Devas, um den richtigen Platz zum Pflanzen eines Rosenstrauchs oder eines jungen Baumes zu finden. In der beschriebenen Kommunikation mit dem Elementarwesen des Loire Flusses, war ein ausführlicherer Dialog erforderlich, mit Worten und Gedanken. Aber ein Gefühlskontakt muss zuerst da sein, damit diese Art von Dialog stattfinden kann.

(Interview mit dem Loire Tal-Elementarwesen Seite 14)

Die Entfaltung der Schöpfung, sowohl auf makroskopischer als auch auf individueller Ebene, beruht auf zwei Impulsen: dem Impuls der Aktivität und dem Impuls der Anziehung - Abstoßung. Alle Impulse werden durch einen Zweck gelenkt, im Falle der Schöpfung ist es ein göttlicher Zweck.

siehe auch Brief 5 / S. 24 und 25 [11]

Think Tanks von Geistwesen

Meine wichtigsten Schritte im Verständnis der Kommunikation mit unsichtbaren Wesen kamen mit dem Kontakt zu zwei Think Tanks* von Geistwesen. Der eine beschäftigt sich mit Klang, insbesondere der Fernheilung mit Klang. Der andere ist ‚C', das Collegium der Geistwesen von Rocamadour. Mit ihnen forsche ich seit 2012 zu vielen Themen, was zu einer Reihe von Büchern führte. Die zwölf ständigen Mitglieder von C stellen eine interessante Vielfalt von Wesen dar: Menschen mit vergangenen Inkarnationen auf der Erde, eine Deva-Königin und zwei Lehrer von außerhalb unseres Planeten. [2]

*) Ein geistig-spiritueller Think Tank, auch Denkfabrik genannt, ist ein Zusammenschluss ausgewählter, nicht physisch inkarnierter Mitglieder, die sich mit zukunftsorientierten Innovationen im spirituellen Bereich befassen.

Evolution und Widersacher-Kräfte

Alle Wesen, die ich bisher beschrieben habe, bezeichne ich als Lichtwesen, d.h. Wesen die auf einer aufsteigenden Reise zum Licht und der universellen Intelligenz sind. Eine ganze Menge anderer Wesen sind auf einer absteigenden Reise vom Licht weg. Wir können sie als gegnerische Kräfte oder Widersacher Wesen bezeichnen.

*Dies wird dazu beitragen, dass wir bessere Ernten
erhalten und gleichzeitig weniger chemische Produkte
verwenden - ja
Können wir ganz ohne chemische Produkte in unserer
Zusammenarbeit mit der Natur auskommen - ja
Damit diese Kooperation ein voller Erfolg wird und sich
verbreitet wird es wohl noch einige Zeit dauern - ja
Wir benötigen Zeit, um lernen und unsere eigenen
Erfahrungen sammeln zu können - ja
Können wir ohne diese Kooperation auskommen - nein
Weil dies noch mehr Zerstörung in der Natur mit sich
bringen würde - ja
…weitere Verschlechterung der Bodenqualität – ja
…noch mehr Gifte in unserer Nahrung - ja
…noch mehr Krankheiten - ja
In der Dordogne haben wir relativ wenige Wesen der 5.
Art - ja
Liegt es daran, dass der Lernprozess so langsam ist - ja
Kannst Du Dich auch ausserhalb deines
Quadratkilometers bewegen - ja
Kannst du gleichzeitig an mehreren Orten sein - nein
Gibt es eigentlich auch etliche Menschen, die eine
Kooperation mit Naturgeistwesen eingegangen sind
ohne es bewusst wahrzunehmen - ja
Wird dies dadurch ermöglicht, dass sie mit ihrem Herzen
dabei sind - ja
Dennoch scheint es wichtig zu sein, dass mehr Menschen
Euch kennen lernen und eine Zusammenarbeit mit Euch
suchen - ja
Ist die Erklärung die, dass viel mehr Menschen eine
bewusste Kooperation in die Tat umsetzen müssen - ja
Wird ein dahingehender menschlicher Wille indirekt
mehr Wesen der 5. Art ins Leben rufen - ja
Gleichzeitig ist es wesentlich, dass diese Kooperation
ganz auf dem freien Willen aufbaut - ja*

Es stellt sich natürlich die Frage, warum Widersacher Wesen hier sind und warum sie sich auf einer absteigenden Reise befinden.

Zum einen wissen wir aus eigener Erfahrung, dass wir oft nicht vorankommen würden, wenn das Leben uns nicht einen Schubs geben würde. Es scheint Teil eines fundamentalen Gesetzes des Universums zu sein, dass die Evolution Widerstände oder Hürden braucht. Absteigende Wesen scheinen eine notwendige Polarität zu aufsteigenden Wesen zu sein. Letztere können sich offenbar ohne die absteigenden Wesen nicht weiterentwickeln. Licht braucht Dunkelheit, um erfahren zu werden. In einem Interview in den Flensburger Heften (S. 208, [13]) erwähnen sie z.B., dass die Erschaffung schöner Kunstwerke die Anwesenheit unsichtbarer hässlicher Wesen um sie herum benötigt.

Während wir uns im Folgenden mit diesen Hürden beschäftigen, sollten wir uns daran erinnern, was uns jederzeit mit dem Göttlichen oder der Universellen Intelligenz verbindet:

Bewunderung - Dankbarkeit - Dienen

Bewunderung der Manifestation der Universellen Intelligenz in der Natur und in allen Wesen - erfüllt von Dankbarkeit, ein Teil davon zu sein - und das Beste was wir können zur Schöpfung beizutragen.

Das Thema der Widersacher Wesen wird oft mit Projektionen von Ängsten und Negativität behandelt. Das ist eine Sackgasse. Schon der blosse Name einiger dieser feindlichen Wesen stiftet oft Verwirrung. Ich ziehe es daher vor, zu erkennen, was diese Kräfte uns über unsere eigenen Schwächen lehren können, die automatisch solche Wesen anziehen. Ich bekämpfe sie nicht, sondern sehe sie wie einen kleinen Stein in meinem Schuh, der mich ständig daran erinnert, dass er meine Aufmerksamkeit braucht. Schauen wir uns also an, wie wir durch Widrigkeiten wachsen können. Wir können vier verschiedene Bereiche der Herausforderung unterscheiden:

1) grundlegende Menschenrechte
2) Christus Werte
3) Einseitigkeit
4) Suchtverhalten

Ist eine vermehrte Kooperation dringend - ja
Ist dies eigentliche ein Wettlauf gegen die
Verschlechterung der Natur, der Böden, der Nahrung und
der Lebensqualität - ja
Unsere ganzen Wissenschaften der Biologie müssen
neuorientiert werden und auf dieser Kooperation und
diesem neuen Wissen aufbauen - ja
Dieser Vorgang wird uns erlauben Zugang zu erhalten zu
dem riesigen Wissens- und Erfahrungspotential das
Naturgeistwesen besitzen - ja
Interviews wie dieses hier lassen unseren Kontakt
irgendwie begreiflicher werden - ja
Dabei ist es auch wichtig mittels vergleichender Photos
zu zeigen, was mit Pflanzen geschieht, die unter dieser
Kooperation wachsen und anderen, so wie es in Eyssal
(siehe [1]) gemacht wird.
Möchtest Du noch etwas beifügen - ja
Bist Du damit einverstanden, dass ich dieses Interview
veröffentliche – ja
Möchtest Du noch etwas beifügen - nein
Ich bedanke mich für dieses Interview und hoffe, das
Vergnügen war gegenseitig – absolut

Der Zweck über diese Interviews zu berichten ist es, zu zeigen, dass wir es, obwohl unsichtbar, mit intelligenten Wesen zu tun haben, als ob wir mit jemandem am Telefon sprechen würden. Ihre Unsichtbarkeit sollte uns nicht in Zweifeln gefangen halten.

1) Grundlegende Menschenrechte

Sie sind unsere angeborenen Rechte und dürfen zu keinem Zeitpunkt vernachlässigt werden. Das heißt, wir können sie nicht vergessen, ohne früher oder später ernsthaft daran erinnert zu werden - sehr oft durch Krankheiten, Zwischenfälle oder Unglücksfälle. Diese Kategorien von Wesen scheinen aus dem Universum zu kommen, einige offenbar aus der Sternenkonstellation des Drachens, genannt Dracos-Wesen. Ich bin wiederholt auf drei verschiedene Typen gestossen. Sie sind sehr hartnäckige Herausforderer und sollten nicht auf die leichte Schulter genommen werden. Sie erfordern mehr als einen halbherzigen Versuch die Herausforderung zu meistern.

> **Freier Wille** – herausgefordert durch echsenartige Dracos
> **Kreativität** – durch krokodilähnliche Dracos
> **Spirituelles Wachstum** – durch schlangenähnliche Dracos.

Die Anfechtung unseres Rechts auf freien Willen kann sich einschleichen, indem wir z. B. im Leben ein Thema aufgeben, weil wir denken es sei zu spät oder aussichtslos daran etwas zu ändern. Meine Frau - eine Malerin und Lehrerin für kreatives, spontanes Malen - und ich - im Bereich des spontanen, authentischen musikalischen Ausdrucks - haben beruflich mit diesen Widerständen gearbeitet. Kreativität umfasst auch die Art und Weise, wie wir denken und unser tägliches Leben führen, nicht nur die künstlerische Kreativität.

Lehrer wie Christus haben uns eine Reihe von Werten nahegelegt, die aufgrund einer evolutionären Notwendigkeit vor zweitausend Jahren stärker in den Vordergrund treten mussten. Um seine Lehre von der belasteten Geschichte der christlichen Kirche zu trennen, nenne ich sie Werte Christi und nicht christliche Werte. Die oben genannten Grundrechte gehören dazu.

2) Christus-Werte

Glaube - untergraben zum Beispiel durch gefallene Engel
Mitgefühl - unterminiert durch Egoismus, Selbstsucht; als Astralwesen sind diese Widersacher Wesen einem Dämonen ähnlich, das heißt, sie führen zu einem suchtähnlichen Verhalten.

Dialog mit C über gegnerische Kräfte und das menschliche Ego

Nutzen gegnerische Kräfte die Schwächen des menschlichen Egos aus? - nein
Sind es Schwächen des menschlichen Egos, die bestimmte Widersacher anziehen? - nein
(das ist nicht das, was ich erwartet hatte)
Können wir über die Verbindung zwischen Ego und gegnerischen Kräften sprechen? - ja
Zieht die menschliche Neigung zu Ängsten z.B. die Grauen ET's an? - nein
Gibt es nicht eine Verbindung zwischen Angst und den Grauen, die die Angst schüren? - nein
Sagt Ihr ‚nein', weil es die Schwäche der Seele des Menschen ist, die diese Kräfte anzieht? - ja
Ihr sagt also, dass das Ego sozusagen neutral ist, wie die natürlichen Hindernisse auf einem Waldspaziergang - und dass es die Art und Weise ist, wie die Seele des Einzelnen die Herausforderung annimmt und damit umgeht, die einen Anziehungspunkt für diese Kräfte schaffen kann? - Ja
Es ist also die Schwäche der Seelenkraft eines Menschen, die das Problem schafft, nicht das Ego? - Ja, genau.
Können wir diese Diskussion so belassen? - ja
Müssen wir einige Punkte noch deutlicher machen? - nein
Danke, das war in der Tat erhellend. - War uns ein Vergnügen!

Wir sehen hier ein sehr gutes Beispiel dafür, dass Geistwesen ihre eigene Sichtweise haben und uns überraschen können. Dies ist natürlich ein außergewöhnlicher Beitrag, jedenfalls für mich, denn er entsprach nicht meiner ursprünglichen Denkweise, obwohl die Erklärung völlig kohärent ist mit dem, was ich über spirituelle Tiefenpsychologie weiß.

Individualität - im Gegensatz zu Gruppen- oder Clanidentität. In unserer Zeit geht es um individuelle Wege; Gruppenidentitäten gehören letztlich der Vergangenheit an. Das bedeutet nicht ‚egoistische' Wege zu gehen, sondern die Notwendigkeit, unseren ur-eigenen Weg zu finden.

Wahrheit - Verwirrung; mental-astrale Wesen fordern sie heraus

Liebe - Angst, ET graue Marswesen sitzen oft in unseren Auren, wenn wir hartnäckig Angstthemen haben, die an uns haften

Wissen - Unwissenheit und Denkfaulheit wird von einem Astralwesen unterstützt, das einem Dämon ähnlich ist

Schönheit - Beitrag zum und Aufbau des Schönen - herausgefordert durch hässliche dämonenähnliche Wesen

Feier des Lebens und der Schöpfung - Langeweile, Depression, Mangel an spirituellen Überzeugungen; dahinter steht jeweils ein astrales bzw. geistiges Gefühlswesen

3) Einseitigkeit

Erdung von Idealen: die übertrieben, nicht geerdet, brillant, aber von kalter Schönheit sind – werden als luziferische* bezeichnet

Spirituelle Werte ausdrücken: übermäßiger Materialismus, digitale Scheinwelten, Faszination durch KI und Roboter - ahrimanische* Tendenz

Fanatische, zerstörerische Kräfte - Azuras*, die von jenseits des Tierkreises kommen

Umsetzen der Lehren Christi gegenüber einem antichristlichen Wesen, Sorat*

*) Wesen in der anthroposophischen Terminologie

4) Menschliches Fehlverhalten

Missachtung des freien Willens der anderen

Wachsamkeit und Mitgefühl als Gegenkraft zu wandernden, anhänglichen, rachsüchtigen Seelen. Manche Seelen von Verstorbenen können sich aus egoistischen Gründen z.B. an ihr Haus, ihren Besitz oder intensive Hassgefühle zur Zeit des Todes klammern, anstatt die irdisch gebundene Dimension hinter sich zu lassen und sich auf natürliche Weise zum Licht hin zu entwickeln.

Ich war dabei als Eva Høffding diese Botschaft erhielt. Ich selbst hatte durch die Schwarze Jungfrau die einzige direkte Botschaft in der Meditation, wo sie als Gesicht vor mir erschien und einen Satz zu mir sagte.

Die Lehren der Schwarzen Madonna

"Ich bin die Schwarze Madonna. Die Schwärze ist meine Kraft. Ich arbeite in allen verborgenen Winkeln, damit alles ans Licht kommen kann. Mutterschaft birgt tiefe Stille. Ich bin die Mutter. Ich bin die Mutter der Menschheit. Ich trage große Stille in meinem Schoß. Ich bin der sternenklare Nachthimmel. Ich bin die schützende Schwärze und die nährende Stille der Höhle. Aus mir entspringt alles Leben. Nehmt die Nahrung auf, die ich euch gebe, denn sie wird euch Frieden im Geist und Frieden im Herzen bringen. Das Verschmelzen mit mir ist eine Reise. Lass alles durch dich hindurchfließen. Versenke dich tief in deine eigene schwarze Stille, und dann werden sich meine Liebe und mein Geheimnis in dir entfalten.

Ich bin die Mutter Gottes. Mein geliebter Sohn hat die Welt verändert. Es war keine leichte Zeit für mich, mit ihm auf der Erde zu sein. Mein Herz brach fast vor Kummer über den Verlust ihn zu verlieren, dieses geliebte Kind, das ich in meinem Schoß trug. Aber er gehörte nicht mir. Dies war ein Dienst, den ich anbieten konnte, damit er in die Welt gebracht werden konnte.

Bejahung der eigenen Kraft und Vitalität versus Schwarze Magie, Verbote, Ausschluss, Verbote, Flüche, Manipulation; oft in alten Traditionen verwurzelt, kann dieser Mangel an Respekt vor dem freien Willen der Person durch Einmischung viele Formen annehmen und manchmal von ‚Profis‘ durchgeführt werden, die entsprechende Techniken gelernt haben. Ein tragischer Aspekt dieser Praxis ist, dass die Menschen, die die Aktion starten, oft nicht an die Retourkutsche denken und zum Beispiel kein geplantes Ende für ihre störende Aktion setzen. Das führt dazu, dass sie manchmal über Jahrhunderte hinweg für sich karmische Schulden anhäufen.

Eigene Überzeugungen und Standpunkte finden versus Egregor-Energien: Energiecluster einer mit Emotionen beladenen Gruppe menschlicher Denkformen

Suchtverhalten zieht **Dämonen** an: Lügen, Drogen, digitale Spiele, Sex, Alkohol, übermäßiges Essen usw. werden eingesetzt, um tiefe Schmerzen zu zu vermeiden und mit ihnen umzugehen.

Nicht respektierte Elementarwesen, die durch menschliches Handeln verletzt wurden und Aufmerksamkeit und Wiedergutmachung wollen.

Folgen ignoranten menschlichen Verhaltens, wie übermäßiges Aufstauen und Kanalisierung von Flüssen, das es dem Fluss unmöglich macht, sich selbst durch seine eigene Weisheit zu regulieren; oder die Nachlässigkeit, regelmäßig das Unterholz zu roden, das den Nährboden für verheerende Waldbrände legt.

Die kommende Rolle des Menschen und das göttliche Feld

Im Interview mit hohen Geistwesen, über das in den Flensburger Heften [13] (Seite 178) berichtet wird, heißt es, dass wir Zeugen einer Zeit werden, in der sich einige Engel aus ihrer Rolle als Betreuer der Naturgeister zurückziehen und den Platz den Menschen überlassen. Dies ist das Ergebnis eines evolutionären Impulses, der durch die Thronengel weitergegeben wird und von ‚höher oben‘ kommt. Ich bin der Meinung, dass die Menschen viel mehr über das Funktionieren der Natur lernen müssen und dass dies geschehen kann, indem uns diese Aufgaben übertragen werden. Die zahlreichen Kontakte und Bitten um Hilfe, die ich bekomme, könnten eine Folge davon sein. Ich habe meistens keine Ahnung, in welcher Weise ich etwas beitragen kann, außer zu akzeptieren

Welchen Dienst möchtest du anbieten, um ihn in die Welt zu bringen? Ich werde deine Mutter, deine Lehrerin und deine Unterstützerin sein, damit deine Heilkräfte für höhere Zwecke eingesetzt werden können. Meine Brüste können die Menschheit mit göttlicher Nahrung in einem nicht versiegenden Strom der Liebe erfüllen. Wo ich bin, gibt es keine Grenzen. Es gibt nur ein endloses Geben, eine endlose Präsenz und eine endlose Liebe.

Meine Stille ist weit, ist endlos, ist göttlich, heilig. Meine Stille berührt alles und spendet den Leidenden Trost in einem endlosen Strom von Mitgefühl und Liebe. Das ist meine wahre Natur, und das ist der Grund, warum ich die Mutter Christi auf Erden war.

Wenn ihr mich in eurem Leben wirken lässt, wird das eine wunderbare Veränderung für euch bewirken. Wendet mich in eurem Leben an, denn ich kann euch nähren. Ich kann euch mit meiner göttlichen Milch nähren. Meine Worte zu verbreiten ist von größter Wichtigkeit, denn diese Worte nähren die Seelen. Ich spreche aus meiner Essenz in die Essenz der Menschheit. Diese Worte müssen gehört, gelesen und verstanden werden.

Bitte setzt euren guten Prozess fort, damit sich eure eigene Göttlichkeit, eure eigene Herrlichkeit entfalten kann."

Schwarzen Madonna
durch Eva Høffding

1) dass ich die Rolle ähnlich Telefonisten der vierziger Jahren spiele, die eine Anfrage erhalten und die Verbindung zu einem benötigten Spezialisten aus dem göttlichen Gebiet mittels Stöpseln und Kabeln an ihrem Schaltpult herstellen. Ich weiß nicht, an wen ich mich wenden muss, aber das scheint ‚automatisch' zu geschehen.

2) Durch die Anfragen erfahre ich oft, welche Schwierigkeiten bestehen und lerne so die Probleme kennen, auf die die Naturgeister bei ihrer täglichen Arbeit stoßen.

3) Ich habe gelernt, dass ich durch Fernheilung, heutzutage oft mit der Harfe und ihren Klangwolken, diese Verbindung erleichtern kann. Fernheilung bedeutet hier die Verbindung mit Hilfe meines höheren Selbst zu erbitten. C bestätigt, dass ich dies in meinem Fall richtig sehe. Andere Menschen würden mit ihren eigenen Fähigkeiten dazu beitragen. Meine Erfahrung mit geistigem Heilen hat mir die Bedeutung des oberen Reflektoräthers in diesem Prozess der Übertragung von Fernheilung deutlich gemacht. [2, 5]

Die ‚Versammlung' und die magischen Quadrate als göttliche Siegel
Vor etwa drei Jahren wurde ich darauf aufmerksam, dass auf dem heiligen Platz in unserer Nähe am Ostersonntagmorgen eine außergewöhnliche Versammlung von Wesen aus dem gesamten Südwesten Frankreichs stattfinden würde. Diese Versammlung hat sich seitdem mehrmals getroffen, immer an einem Sonntagmorgen, normalerweise von 6 Uhr bis 10 oder 11 Uhr. Das genaue Datum und die Uhrzeit wurden mir immer mitgeteilt.

Diese Versammlungen finden überall auf dem Planeten zur gleichen Zeit an bestimmten heiligen Orten statt, vier in Frankreich, eine in der Schweiz, sieben in Deutschland, usw.

Sie würden immer 576 Wesen aller Art aus einem bestimmten geografischen Gebiet versammeln. Warum diese Zahl 576? Möglicherweise, weil die drei Zahlen 18=1+8=9 ergeben.

Die Zahl 9 ist die vorherrschende Zahl im magischen Quadrat und symbolisiert den himmlischen Energiekreislauf (den oberen Kreis) und den Abstieg dieser Energie als Inspiration in die physische Ebene. Jedes dieser Wesen hat seinen ‚Sitz' auf einem ‚magischen Quadrat' von 108x108 cm,

Interview mit dem Mutter-Erde-Wesen

Ist es in Ordnung, dich ‚Mutter-Erde-Wesen' zu nennen? Ja.

Die Intelligenz hinter der Natur ist ein komplexes Phänomen. Es ist völlig unmöglich, ihr hier im Rahmen eines Buches gerecht zu werden. Dennoch ist es notwendig, so präzise und konkret wie möglich zu sein, damit wir schätzen und respektieren lernen, mit wem wir kommunizieren. (Das Wesen ist mit dieser Aussage einverstanden)

Kann ein Dialog mit größeren Naturgeistern, die für ein Gebiet zuständig sind, zu einem politischen Entscheidungsprozess über das Gebiet beitragen? Ja.

Kann man von diesem Dialog erwarten, dass er wie ein Interview mit einem menschlichen Wesen abläuft? Nein.

Würde man von den jeweiligen Naturgeistern, die für ein Gebiet oder einen Teil eines Gebietes zuständig sind, erwarten, dass sie einen geeigneten Dialogpartner stellvertretend für alle hervorbringen? Ja.

Könnte eine Gruppe von Menschen, die sich mit der Anerkennung der Rechte eines ganzen Flusssystems oder eines Feuchtgebietes befasst, damit rechnen, einen kompetenten und repräsentativen Partner unter den Naturgeistern zu finden? Ja.

Würde man von diesem Naturgeist erwarten, dass er politisch unmittelbar verständliche Beiträge leistet? Nein.

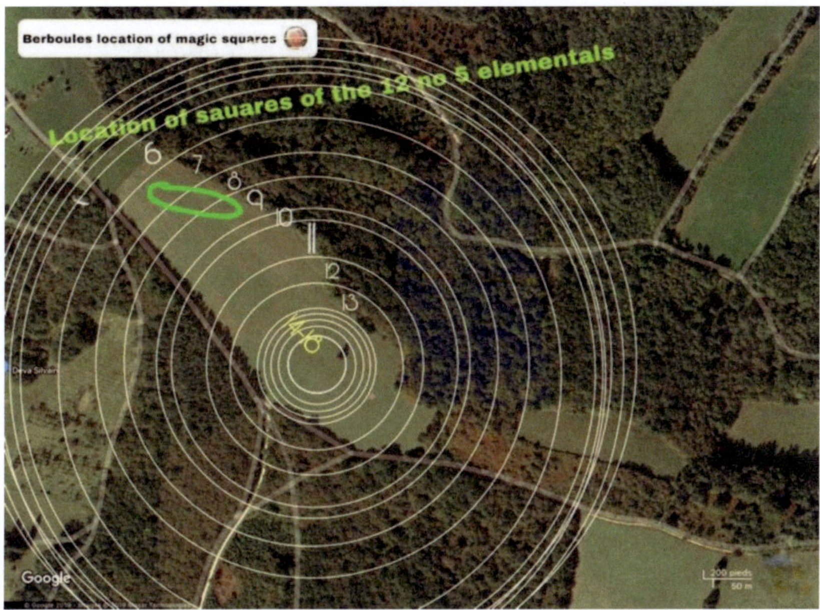

das aus 3x3 Quadraten von 36x36 cm besteht.

Das Außergewöhnliche daran ist, dass diese Quadrate in der Vegetation eingeprägt sind. An dem heiligen Ort in der Nähe ist es ein Feld mit Gras. Die Quadrate und die identische Reihenfolge der Zahlen sind visuell und energetisch leicht zu erkennen. Wir sind damit Zeuge eines ausgeklügelten Quadrats, das von Thronengeln auf der physischen Ebene errichtet wurde, mit komplexen Informationen. Die Naturgeister und Landschaftsengel sind an den Versammlungsorten auf den Quadraten auf 18 konzentrischen Kreisen platziert. Die Quadrate sind dort ganzjährig, aber nur während der Versammlung ‚besetzt'. Die Wesen der äußeren Kreise (1-4) treffen in der Regel schon am Vorabend ein, während sich die inneren Kreise kurz vor Beginn der Versammlung, am frühen Morgen, füllen. Meines Wissens sind diese Quadrate auf dem Feld eine ausserordentlich seltene physische Manifestation der Engelshierarchie.

Geduld, Freude und Respekt beinhalten? Ja.
Dies würde zu mehr gegenseitigem Verständnis
beitragen? Ja.
Es würde offensichtlich unerwartete Aspekte des
Naturraums einbringen und dazu beitragen,
seine Komplexität mehr zu schätzen? Ja.
Würde es auch dazu beitragen, mehr Verständnis
dafür zu wecken, wie die Intelligenz hinter der
Natur funktioniert? Ja.
Wenn man den Dialog mit der Intelligenz hinter
der Natur nicht in einen solchen Prozess
einbezieht, würde das bedeuten, dass die
Verfahren oft schwieriger verlaufen? Ja.
Mehr Missverständnisse auftauchen? Ja.
Mehr Ego-Kämpfe? Ja.
Meinst du 'nicht notwendigerweise'? Ja.
Heißt das, der Naturgeist würde mit einem
eigenen Forderungs- und Informationsspektrum
aufwarten? Ja.
Dein Beitrag könnte also oft unerwartet sein? Ja.
Wäre es immer ein wertvoller und wesentlicher
Beitrag zum politischen Entscheidungsprozess?
Ja.
Wenn ich den Begriff ‚politischer' Prozess
verwende, kann dies auch mögliche rechtliche
Verfahren einschließen? Ja.
Können wir erwarten, dass ein solcher Dialog
andere bewusste Wesen anzieht, die helfen, das
Energieniveau des Prozesses zu erhöhen? Ja.
Diese Erhöhung des Energieniveaus würde mehr
Toleranz, Verständnis, Mitgefühl,

Was nützt uns Menschen das Wissen um solche Plätze und Versammlungen? Offensichtlich wollen die Thronengel, dass wir diese Plätze sehen. Dann wollen die Wesen, die hinter diesen Versammlungen stehen, dass ich diese Versammlungen sehe, spüre, miterlebe, da sie mir immer bereitwillig mitteilen, an welchem Sonntag und in welchem Zeitfenster sie stattfinden werden. Ich kann messen, dass die Energie auf den Plätzen und während der Versammlungsstunden deutlich höher ist als nur eine Minute nach deren Ende.

Seit einigen Jahren beobachte ich Interventionen hoher Wesenheiten des göttlichen Feldes, um Veränderungen zu bewirken. [1] Diese Versammlungen finden, soweit ich sie verstehe, regelmäßig statt, um den Naturgeistern und Landschaftsengeln aller Art zu helfen, sich an die energetischen Veränderungen in der Welt anpassen zu können. Nicht alle Veränderungen sind allein auf menschliche Aktivitäten zurückzuführen. Einige werden herbeigeführt, um die Evolution zu unterstützen, z. B. den Wandel der Menschen von einer auf Angst und Unwissenheit basierenden ‚Solarplexus'-Mentalität zu einer Mentalität, die auf dem ‚Herzen', Mitgefühl und der ausdrücklichen Verbindung zum Spirituellen beruht.

Alle heiligen Orte, an denen solche Versammlungen stattfinden, haben die 18 Kreise und die 576 Quadrate mit den Maßen 108x108. Die meisten solcher Orte haben jedoch keine oder nicht so viel Grasfläche. Die Quadrate können zwar energetisch immer noch wahrgenommen werden, aber sie sind dann nicht physisch sichtbar. Ich schlug einer Bekannten vor, einen solchen Versammlungsort im Osten Frankreichs, südlich von

Besançon, zu besuchen und nach diesen Quadraten Ausschau zu halten. Dieser besondere Platz liegt am Rande eines ländlichen Dorfes mit

64

*Meinst du 'nicht notwendigerweise'? Ja.
Heißt das, der Naturgeist würde mit einem eigenen Forderungs- und Informationsspektrum aufwarten? Ja.
Dein Beitrag könnte also oft unerwartet sein? Ja.
Wäre es immer ein wertvoller und wesentlicher Beitrag zum politischen Entscheidungsprozess? Ja.
Wenn ich den Begriff ‚politischer' Prozess verwende, kann dies auch mögliche rechtliche Verfahren einschließen? Ja.
Können wir erwarten, dass ein solcher Dialog andere bewusste Wesen anzieht, die helfen, das Energieniveau des Prozesses zu erhöhen? Ja.
Diese Erhöhung des Energieniveaus würde mehr Toleranz, Verständnis, Mitgefühl, Die Einbeziehung der Naturgeister in den Prozess würde helfen, diese Art Probleme zu vermindern? Ja.
Kann man sagen, dass die Einbeziehung der Naturgeister in den Prozess automatisch ‚spirituelle Energien', den guten Willen und die Erfahrung höherer Wesenheiten einbringt und damit die gesamte Bewusstseinsebene und die Zusammenarbeit anhebt? Ja.*

weiten Wiesen. Dort hat sie diesen Platz im Gras fotografiert. (Foto S. 63)

Man muss ein bisschen guten Willen haben, um sie auf einer von Kühen genutzten Wiese zu sehen, obwohl einige Quadrate bemerkenswerte Vegetationsunterschiede entlang der Seitenlinien aufweisen. Ich habe Dutzende von Fotos von diesen Grasplätzen gemacht und fand auch zwei außerhalb der Tür unserer Dorfkirche. Links von der Kirchentür, wie immer, das Quadrat Nr. 1 und rechts die Nr. 9, wie ich sie in meinem Buch zur ‚Verlorenen Orientierung der Kathedralen' beschrieben habe. [4]

Was genau während einer Versammlung an diesen heiligen Orten auf der ganzen Welt geschieht, weiß ich nicht. Es scheint, dass ein hoher Seraphim-Engel die 576 anwesenden Wesen in einer Art Meditation und stiller Harmonisierung anleitet. Der Seraphim weiß sehr wahrscheinlich schon vorher, mit welchen Fragen die Teilnehmer kommen. Die Aktivität der Versammlung, so glaube ich, findet auf einer stillen und höheren Ebene statt. Das ist die Art Wirkung, die wir selbst bei langen stillen Meditationen erfahren können. Dabei kommt der Denkprozess zur Ruhe, so dass tiefere Ebenen des Verständnisses uns durchdringen können.

Wenn man von der Struktur der 18 konzentrischen Ringe ausgeht, die auf diesen Versammlungsplätzen vorhanden sind, gäbe es etwa 32 magische Quadrate und Wesen pro Ring, mit Wesen aus den ersten 18 Sphären des göttlichen Feldes. C sagt mir, dass es beim Feld in unserer Nähe auf dem ersten Ring 10 Landschaftsengel, 7 Dagdas, 11 Deva-Prinzessinnen und 4 große Elfen gibt. Sie alle sind ranghohe Vertreter ihrer jeweiligen Gruppe und erstatten ihren Mitgliedern Bericht. Sie sind, in diesem Fall, geographisch gleichmäßig über das Gebiet von Südwestfrankreich verteilt.

Auf der Grafik nebenan ist die Nummerierung nach als sogenanntes Saturnsiegel zu sehen. Alle magischen Quadrate dieser Ordnung weisen diese Sequenz auf, überall auf der Welt, so auch im chinesischen Lo Shu Quadrat. [8]

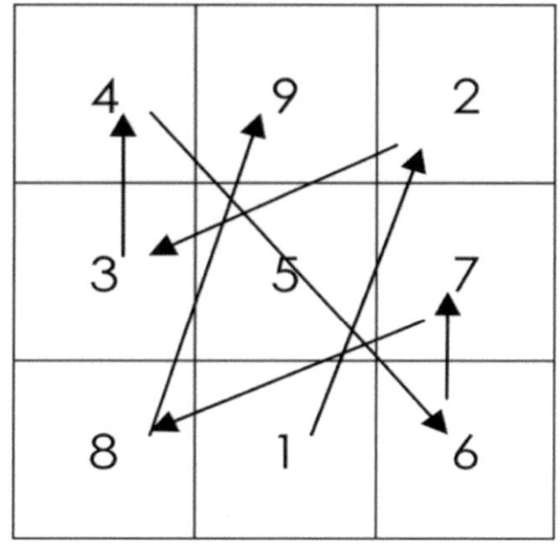

Auch wenn der Prozess oft unerwartete Blickwinkel und Aussagen mit sich bringt, wäre das Gesamtergebnis also deutlich positiv? Ja. Das bedeutet, dass die beteiligten Menschen in der Regel eine größere Toleranz gegenüber einer ungewöhnlichen Argumentation benötigen? Ja. Bist du der Meinung, dass wir andere Aspekte in dieses Gespräch einbeziehen sollten? Nein. Bist du mit unserem Dialog zufrieden? Ja. Hast du das Gefühl, dass ich deinen Standpunkt richtig verstanden habe? Ja. Hast du das Gefühl, dass du bereits bei der Formulierung der Fragen mitgewirkt hast? Ja. Ich danke dir für diesen Dialog. Ich muss sagen, ich hatte nicht erwartet, dass du antworten würdest.

Zusatz 16.4.22: Bist Du identisch mit der Schwarzen Jungfrau und der Schwarzen Madonna? Ja.

Die magischen Quadrate als göttliche Siegel

Die magischen Quadrate sind an teils Orten ein nahezu physisches Energiephänomen sind und zeigen sich auf Grasflächen in der Vegetation als Quadrate mit ihren neun Unterquadraten. Sie enthalten eine große Menge an Information und waren schon vor mehreren tausend Jahren in China als Lo Shu Quadrate oder Ba Gua bekannt. Eine Besonderheit ist die identische Sequenz der Nummerierung der 9 inneren Quadrate. Jedes Quadrat hat eine erstaunlich weitreichende Symbolik und bildet z.B. mit den acht Quadraten der vier Seiten die Grundlagen des I Ging. [8]

Quadrate in der Natur sind eher selten. Kanten und Unterteilung dieser magischen Quadrate können gut wahrgenommen werden, energetisch oder mit den Augen. Die Energie innerhalb dieser Quadrate ist enorm viel höher als gerade nebenan. Die Sequenz der Nummerierung ist natürlich total verblüffend, wie auch der Umstand, dass höhere Geistwesen diese Quadrate gehäuft auf einem – hier heiligen – Feld zeigen.

12. März 2021: In meinem Buch ‚Die Intelligenz hinter der Natur' gebe ich eine kurze Zusammenfassung des eindrücklichen Prozesses der Wiederansiedlung von Wölfen im Yellowstone Park und seiner vielschichtigen Folgen für die Wiederherstellung einer natürlicheren Umwelt. Ein kurzes Gespräch mit dem für das gesamte Ökosystem des Yellowstone-Parks verantwortlichen "Landschaftsengel" ergab, dass er die Leser wissen lassen wollte, dass es ihn gibt und wo er sich genau befindet: RJX2+X4 Devils Den, Wyoming, Vereinigte Staaten - (44.8498804, -110.3997381). ²

Das göttliche Feld

Ich bezeichne mit diesem Begriff die meisten Kategorien der Lichtwesen: Engel-Hierarchien, wie auch Naturgeister und damit verbundene Wesen, die unter der Leitung des Mutter-Erde-Wesens stehen. Man könnte dementsprechend die Engel-Hierarchien als unter der Leitung des Himmelsvaters stehend verstehen. Ihre göttliche Energie ist in der ganzen Schöpfung zu spüren, in den neuen Blättern im Frühling, im Gesang der Vögel, in der Schönheit der Blumen, im Lächeln eines Kindes, in den sanften Augen von Tieren, Sternen und Wolken - sie sind alle um und in uns gleichzeitig mit den Herausforderungen und dem Leid in der Welt.

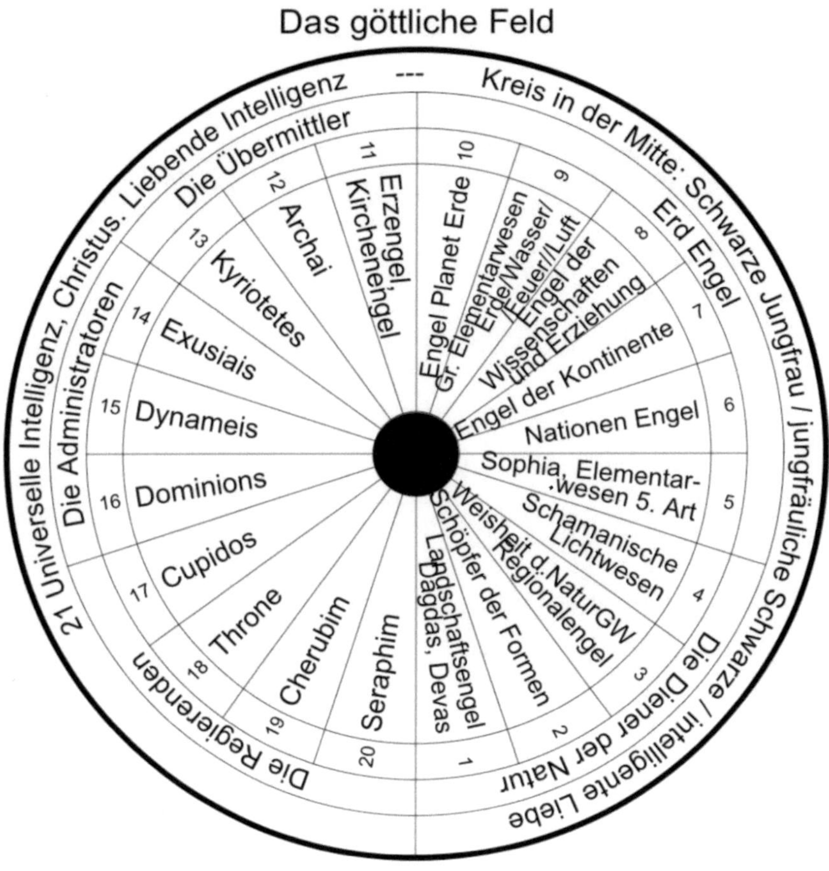

Daniel Perret – Wesen der unsichtbaren Dimensionen
rechte Seite: durchgehender Text

70

Bei zwei Gelegenheiten kontaktierten mich
Devas verschiedener Waldabschnitte *wegen*
einer Verschlechterung ihres Waldes durch
eine zu große Anzahl von Dachsen, in einem
Fall und Hirschen in einem anderen. Der
Kontakt mit den Gruppenseelen dieser Tiere
führte offenbar zu einer Erleichterung und
Beruhigung der Situation. Das Problem mit
den Dachsen entstand dadurch, dass sich zu
viele Nachkommen in dem Bereich aufhielten,
in dem sich ihre Eltern niedergelassen hatten.
Die Jungtiere mussten ihr eigenes Revier
finden.
Eine Fernheilung mit Gebet schien ihnen
geholfen zu haben, wie sie sagten.
(siehe Seite 80)

Als ich 'C' ursprünglich fragte, wie viele Sphären oder Ebenen es im spirituellen Bereich gäbe, die z. B. als Inspirationsquelle für Kunst dienen, antworteten sie sofort: 21. Diese sind von den astralen oder mentalen Inspirationssphären zu unterscheiden. [2] In einem weiteren Sinn sind alle Wesen Teil des Göttlichen Feldes, sogar die unteren Formen wie Gedankenwesen, Maschinenwesen usw. wie auch die absteigenden und herausfordernden Kräfte. Dennoch schliesse ich diese Formen hier nicht in den Begriff Göttliches Feld mit seinen 21 Sphären ein.

Die unsichtbaren Wesen des göttlichen Feldes werden wir nie ganz erfassen können. Die Aufgaben und die Kompetenzen der Engel zu verstehen, mag ein unmögliches Unterfangen sein, doch mit der Zeit bringen uns unsere Bemühungen ein gewisses Verständnis, vor allem Respekt und öffnen damit eine Tür zur Zusammenarbeit.

Als C mir von den 21 Sphären sprach, musste ich verstehen, woraus sie bestehen. C und ich haben lange daran gearbeitet und werden wohl nie fertig damit. Jedes Mal, wenn ich einem neuen Wesen begegne oder mehr über ein Wesen erfahre, füge ich es in die Liste ein. Mein Dialog mit Geistwesen funktioniert ausschließlich über JA/NEIN-Antworten. Ich musste also jedes Wesen innerhalb einer Ebene ansprechen und fragen, ob es dazugehört. Als Ausgangspunkt konnte ich auf die neun Engels-kategorien zurückgreifen, die Dionysius Areopagit, der erste Bischof von Athen, im ersten Jahrhundert n. Chr. ausarbeitete. [14] In den letzten 1900 Jahren ist dieses Schema offenbar nicht erweitert worden. Dionysius hatte damals die Weisheit zu erwähnen, dass seine Liste nicht vollständig sei und dass der Einzige, der wisse, wie das göttliche Feld organisiert sei, der dort oben sei. Die Antworten von C. waren wie immer sehr präzise. Sie stimmten meistens überein mit dem was Dionysius vorgeschlagen hatte.

Mit C fügten wir zunächst die Ebene 21 hinzu, das, was wir als göttliche Ebene bezeichnen könnten, die Ebene der Trinität. C bestand dann darauf, dass wir eine neue Ebene 17 für den Cupido, die hohen Engel der Kunst, der Liebe und der Schönheit, hinzufügen sollten, was für mich sofort Sinn

Zwei praktische Kommunikationen

Die Deva unseres Waldes
Nachdem wir Sonnenkollektoren auf unserem Dach installiert hatten, mussten wir einige der hohen Bäume fällen. Die Deva war sehr hilfreich, indem sie uns zeigte, welche wir fällen können und welche nicht.
Sie schlug vor, die wenigen sehr hohen Tannen stehen zu lassen, am Fuß der höchsten hat sie ihren Ankerpunkt.

Wasserfilter ersetzen
Wir verwenden zwei spezielle Filterplätze für Leitungswasser. Beide verwenden Nachfüllkartuschen, allerdings von unterschiedlicher Marke.
Diese Patronen halten in der Regel viel länger als die vier Wochen, die auf der Verpackung angegeben sind.
Es gibt praktisch keine Möglichkeit, herauszufinden, wann sie ihre Wirksamkeit verloren haben, außer man fragt C. Wie immer ist ihre Antwort schnell, präzise und unmissverständlich.

Ich missbrauche die Geistwesen nicht, um dumme Fragen zu stellen, die ich selbst beantworten kann. Manche Menschen tun das, aber meist aus Angst, die zu Unentschlossenheit führt. Wir sollten uns nicht wundern, wenn wir in einem solchen Fall minderwertige Geistwesen anziehen. Geistwesen sind nicht dazu da, unsere Entscheidungsfähigkeit zu ersetzen.

machte. Die kleinen pummeligen Engelsfiguren unserer Folklore mit ihren Pfeilen und Bogen der Liebe sind nur die populäre, oberflächliche Version dieser hohen Engel der Kunst.

Dann bestand C darauf, dass die Kyriotetes und die Dominions nicht dasselbe seien, wie es ursprünglich in Dionysius' Schema stand. Zu diesem Zeitpunkt hatten wir 11 Kategorien oder Ebenen. Es blieben 10 Ebenen zu verstehen. C stimmte zu, dass alle Naturgeister und Landschaftsengel in diesen Sphären 1-10 zu finden sind. Ich komme weiter unten zu einer detaillierteren Beschreibung aller Ebenen.

Zum besseren Verständnis ihrer verschiedenen Funktionen habe ich jeweils 3 bis 5 Ebenen zusammengefasst, die je eine andere übergeordnete Funktion haben. Dionysius hatte drei Kategorien für jede der drei Engelssphären verwendet: die höchste, die mittlere und die untere Hierarchie. Nachdem ich zwei zusätzliche Ebenen eingeführt hatte und mit den Bezeichnungen von Dionysius nicht zufrieden war - da sie nichts Weiteres erklären -, schlug ich vor, für Ebene 10-20 drei Kategorien zu bilden: die ‚Regierenden oder Gouverneure‘, die ‚Verwalter‘ und die ‚Übermittler‘ zu nennen. Ich verstehe die ' Gouverneure ' als die Regierung, die die Richtlinien, die Hauptaktionslinien festlegen. Ich glaube, dass sie in alten Zeiten Teil dessen waren, was die Menschen Gott nannten, da ihre Anordnungen gottähnlich sind. Die 'Verwalter' fühlen sich für mich an wie permanente Leiter von Verwaltungsabteilungen, die die Richtlinien der Gouverneure in praktische Regeln umsetzen. Die ‚Übermittler‘ sind für die Umsetzung der Richtlinien in direkter Zusammenarbeit mit den lokalen Engeln und Naturgeistern zuständig. Die Ebenen 5-10 habe ich unter der Bezeichnung ‚Erdenengel‘ zusammengefasst, die Ebenen 1-4 unter ‚Diener der Natur‘.

Sphäre 21 – **Die göttliche Ebene**: Trinität, Christus, die Universelle Intelligenz/das Vaterprinzip und das Mutterprinzip/schwarze Jungfrau/Erdgöttin.
Hier eine Buchmetapher für die Trinität: Der Schöpfer ist dabei der Autor des ‚Buches‘ - das Aufnehmen/Lesen seiner Essenz und seines Energieflusses wäre der Heilige Geist - das ‚Buch‘, das in uns gefühlt und geschaffen wird entspricht dann Christus/Schwarze Jungfrau/‘Ich bin…

Mich bewegt der
Gesang der Amseln.
Da mich die Inspirationsquelle für meine Harfenimprovisationen schon seit vielen Jahren interessiert, habe ich C. gefragt, ob schwarze Vögel von anderen Wesen inspiriert werden? Ja
Von einem Luftelementarwesen? Ja,
Von einem Luftelementarwesen einer mittelgroßen Kategorie? Ja
Und hinter diesem Luftelementarwesen steht noch eine weitere Quelle? Ja
Ein Engel? Ja

'Ich bin der Weg' und die Manifestationen auf der Erde.

Die Gouverneure

Sphäre 20 - **Seraphim**: hohe Engel oder Geister des Lichts und des Feuers, Zünder, die göttliche Inspiration bringen

Ich finde sie u.a. in der Aura um Harfenspieler und ihre Harfen, was auf das Potenzial dieser Harfenspieler hinzuweisen scheint, Fernheilung an Menschen und Tiere zu senden zu können. Alle motivierten Harfenisten besitzen die Fähigkeit, Fernheilung an Naturgeister und die Natur im Allgemeinen (einschließlich Landschaftsengel, Devas, Elfen usw.) zu senden. Diese Präsenz gibt mir das Gefühl, dass die Seraphim höchst inspirierende Engel sind, die mit dem Heiligen Geist verbunden sind.

Ich war mir auch der Anwesenheit eines Seraphs während der erwähnten Versammlungen an Sonntagmorgen bewusst. Die Energie des Seraphs war von überwältigender Freude, fast Ekstase, die sich über das ganze Feld ausbreitete sobald er erschien.

Sphäre 19 - **Cherubim**: hohe Engel oder Geister der Harmonie und Weisheit der Universellen Intelligenz, Übertragung von Einsicht und Wissen

Sphäre 18 - **Throne**: hohe Engel oder Geister des göttlichen Willens und der Lebensenergie, die der Menschheit Impulse, Strukturen und Richtung geben. Ich habe ihren Einfluss an der Quelle grundlegender spiritueller Strukturen wie Erdgitternetzen und bei den magischen Quadraten gefunden. In einer Mediation spürte ich eines Tages, wie eine senkrechte Granitplatte, eine Stele, neben mir auf meine linke Seite herabsank, mit einer Inschrift darauf: "Der Pfad des Lichts manifestiert sich" und "Die Macht der Liebe manifestiert sich". Ich empfinde die Energie der Throne als kraftvoll, fast männlich, willensstark, als würde sie mit Autorität das Gesetz bzw. göttliche Wort verkörpern.

Sphäre 17 - **Cupido**: hohe Geister der Kunst, Schönheit und Liebe
Ich finde ihre Energie um alle schönen Kunstwerke herum. Die Manifestation von Schönheit ist in unserer Zeit extrem wichtig und sicherlich nicht nur ein Hobby oder Luxus. Sie ist der Ausdruck des Göttlichen auf Erden. Laut C entstanden die Cupido im 13. Jahrhundert.

Das Maschinenwesen unseres Flachbildfernsehers
Auf die Frage, woraus das Maschinenwesen unseres Fernsehers besteht, habe ich von C folgende Antworten erhalten: Unser Flachbildfernseher hat ein 'Hauptmaschinenwesen' und 17 'Unterwesen':
- Eines, das sich mit dem Tonaspekt beschäftigt
- eines, das sich mit den visuellen Komponenten im Allgemeinen beschäftigt
- 6 Farbwesen: rot, blau, gelb, grün, orange, schwarz
- ein Gnom, der sich mit dem materiellen Aspekt beschäftigt
- 4 Feuerelementarwesen, die sich mit den komplexen elektrischen Komponenten befassen
- 3 Computerwesen, die sich mit drei verschiedenen eingebauten Computerprogrammen/Chips befassen
- 1 Koordinator-Unterwesen, das kein Computerprogramm ist.

Die Verwalter

Sphäre 16 - **Dominions**: sie führen den Erdenengel sowie die Engel der Kontinente und Nationen

Sphäre 15 - **Dynameis** - 'Tugenden': sie lenken die Zyklen der Planeten; himmlische Harmonie

Sphäre 14 - **Exusiai** - 'Mächte': Schutz der himmlischen Sphären vor allen negativen Einflüssen der irdischen Sphären. Sie halten die Welt im Gleichgewicht und insbesondere das Gleichgewicht mit den dunklen Kräften. Sie leiten die regionalen Engel; sie sind Geister oder Schöpfer der Formen. Sie sind Engelwesen, die für die Schöpfungsphase jeder Pflanze und jedes Baumes verantwortlich sind. Sie sind damit betraut, die energetischen Blaupausen zu erschaffen und weiterzugeben, die in den Lichtäther. Diese Blaupausen sind die Grundstrukturen der Energie (Linien, Muster, Formen), entlang derer die Elementarwesen (Gnome, Undinen) das Physische aufbauen. Sie erhielten die Impulse aus der Sphäre 21, der Trinitätsebene und damit aus der Polarität des Schöpfers und der Erde-Göttin-Matrix.
Elohim

Interview mit einer Gruppe von schamanischen Lichtwesen

*während des
GARN-Tribunal in Glasgow. November 2021*

*Sie sind Naturgeister im weiteren Sinne des Wortes.
Es gibt sie schon seit Tausenden von Jahren, aber sie scheinen auf dem Rückzug zu sein, sozusagen ersetzt durch die Elementarwesen der 5. Sie stammten aus der Zeit und der Lebensweise der Ureinwohner: instinktiv, mitfühlend, ganzheitlich, während die Elementarwesen der 5. Art sich besser in die Evolution einfügen, die einen analytischeren, neugierigeren, forschenden Typus hervorgebracht hat.
Sie können mit den Seelen der Tiergruppen, den Insekten, den ganz kleinen Elementarwesen
(Gnome, Undinen, Salamander und Sylphen), Dagdas, Devas, aber nicht mit Engeln, großen Elfen, Wesen der magischen oder mythologischen Reiche. Sie waren die direkten unsichtbaren Partner der traditionellen einheimischen Schamanen.*

Die Übermittler

Sphäre 13 - **Kyriotetes** = 'Herrschaften' regeln die Aufgaben der unter ihnen stehenden Engelsklassen; ihre Energie ist reine Gnade; Vermittler der Lehren Christi, Vitalität und Lebensfreude, Geister der Weisheit; Zu dieser Sphäre gehören auch Heilige wie Ignacio de Loyola, Franz von Assisi, Teresa von Avila, Hildegard, u.a.m.

Sphäre 12 - **Archaï** = 'Fürstentümer', sie leiten die irdischen Regenten, Führer, Völker, Gemeinschaften und repräsentieren Denken, geistige Energie und Bewusstsein.
Ich habe heute an einer Beerdigung einen Archaï über dem Friedhof gesehen. Er war nur vorübergehend für die Beerdigung und die Gemeinschaft da.

Sphäre 11 - Kirchenengel, Erzengel
Kirchenengel (Schutz von Altären, Statuen, Kreuzen, Gegenständen),
die **Erzengel**: Raphael (Heilung), Uriel (Lehre), Michael (Lichtbringer), Hesekiel (Bote des göttlichen Willens), Gabriel (Erzengel der Kreativität und Überbringer guter Nachrichten), Jehudiel (Dienst am Nächsten), Sandalphon (Klang und Gebete), Raguel (Gerechtigkeit), Raziel (Weisheit), Binael (persönliche Transformation), Ramiel (Hoffnung und Streben), Saraquiel (Glaube und geistige Kraft)

Die Erdenengel
Sphäre 10 - **Planet Erde Engel**
Der Planet Erde Engel hat seinen Ankerpunkt in Ostsibirien in einer sehr abgelegenen Gegend, wo es praktisch keine Städte oder Straßen gibt.

Fernheilung für unsichtbare Wesen
Wie kann das funktionieren?

Es findet z.Z. eine Transformation des Verhältnisses zwischen Menschen, Naturgeistern und Wesen der Engelshierarchien statt. Dies wird u.a. in der in den Flensburger Heften veröffentlichten Interviewreihe von Wolfgang Weirauch erwähnt ([13] S. 178). Wie ich es mit Hilfe von C verstehe: Seit Anfang der 80er Jahre und bis irgendwann nach 2040 befinden wir uns in einer Übergangszeit, in der sich die Engel in einem gewissen Maße zurückziehen und den Menschen allmählich mehr Aufgaben als Berater der Naturwesen überlassen. Eine Auswirkung davon ist, dass wir Menschen viel mehr lernen müssen, wie Naturgeister und unsichtbare Wesen im Allgemeinen arbeiten und was ihre Aufgaben sind. Auf diese Weise wird der Mensch mehr bewusste Verantwortung für die Natur und das menschliche Handeln übernehmen. Die Menschen werden auch allmählich mehr Verständnis dafür bekommen, wie die Zusammenarbeit mit nicht-physischen Wesen funktioniert.

Schon jetzt können wir dazu beitragen, indem wir z.B. Fernheilung senden. Ich habe das Gefühl, dass wir dabei vergleichbar mit den Telefonzentralen der alten Zeit funktionieren. Wir bekommen eingehende Anrufe z.B. von Naturgeistern und stellen Verbindungen zu den Engelspezialisten her. Dann funktioniert die Kommunikation zwischen ihnen. So erlebe ich persönlich auch die Anfragen, die ich praktisch täglich von unsichtbaren Wesen bekomme. Energetisch gesehen funktioniert dies über unser höheres Selbst und die obere Schicht des Reflektoräthers. [2]

Sphäre 9 - **Große Elementarwesen** der Elemente Erde, Wasser, Feuer und Luft.
Die ganz kleinen Elementarwesen sind unter Sphäre 3 beschrieben. Die großen Elementarwesen hier sind in Bezug auf Wissen, Erfahrung und Kompetenz auf einer viel höheren Ebene, die manchmal geografische Gebiete 1/5 Frankreichs abdecken. Das Verhältnis der ganz kleinen und ganz grossen Elementarwesen ist vergleichbar mit einem Topmanager eines Unternehmens und den Klempnern und Elektrikern, die in der Fabrik arbeiten.
Engel der großen Gebirgsketten (Ural, Alpen, Anden, Himalaya)

Sphäre 8 - **Engel der Wissenschaft** und Bildung. Von Ozeanen und kleineren Gebirgszügen; Heilige Bridget, die alte Göttin der Heilung, des Frühlings, der Poesie und der Berge (Brid ist im Keltischen Berg/Brig/ mountain)

Sphäre 7 - **Engel der Kontinente, Dakinis**
Die Dakinis sind die Himalaya-Cousinen der keltischen Dagdas. Sie sind vergleichbar in ihrem immensen Wissen und ihrer Weisheit.

Sphäre 6 - **Engel der Nationen**
Kunstwerke z.B., die von ihm inspiriert sind und dazu beitragen, den Geist einer Nation zu formen. (siehe S. 93)

Sphäre 5 - **Sophia, Elementarwesen der 5. Art, Engel der großen Regenwälder** (Amazonas, Kongo, äquatoriales Afrika)
C sagt mir, dass hier noch andere Wesen erwähnt werden müssen, wie die Gruppenseelen der Zugvögel, z.B. der Wildgänse, die von einigen amerikanischen Ureinwohnern ‚Der Traum der Erde' genannt werden. Zugvögel tragen Gedankenstrukturen oder ganze Gedankenströme von einem Kontinent zum anderen und sind somit sehr wichtig für die Brüderlichkeit der Menschheit.

Dazu gehören auch der Austausch von neuen kulturellen Gedankensträngen durch Bücher und kulturellen Austausch.
Sophia kann als die Summe des kulturellen Erbes und der Weisheit der Menschen und Tiere der Erde gesehen werden.

Hier ein Auszug aus dem Flensburger Hefte Heft Nr. 79 [13], S. 102. Das Thema ist von grosser Aktualität nach all den Fake News und organisierten Lügen zu Trump, Corona Verschwörungen und russischer Propaganda zum Ukraine Krieg. Das Interview wird vom Herausgeber Wolfgang Weirauch selbst geführt. Etschewit ist ein hohes Geistwesen.

*Wolfgang Weirauch: **Was sind Dämonen?***
Etschewit: Dämonen sind Wesenheiten der absteigenden Mächte aus dem schwarzen Bereich, die u.a. durch Lügen der Menschen hervorgerufen werden. Sie entstehen auch durch falsche Gedanken der Menschen. So wie wir Kinder der Engel sind, so sind Dämonen Kinder bzw. Abspaltungen der gefallenen Engel.
W.W.: Schafft jede Lüge, die ein Mensch spricht, einen Lügendämon?
Etschewit: Jawohl.
Und wenn es eine kleine Lüge ist, ist es ein Dämönchen, ist es sich dagegen eine schwerwiegende Lüge, entsteht ein ausgewachsener Dämon.
W.W.: Wie wirken diese Lügendämonen in der Welt, nachdem sie geschaffen worden sind?
Etschewit: Sie ziehen herum und zerstören, was sie können. Sie zerstören die guten Gedanken und wirken der Weltentwicklung entgegen. Sie versuchen, das Gleichgewicht zu Gunsten der Widersacher Mächte zu destabilisieren.
W.W.: Können diese Lügendämonen die Menschen auch so beeinflussen,

Elementarwesen der 5. Art
Nach C sind diese Elementarwesen seit 1993 in Funktion getreten. Sie haben die Aufgabe, die Zusammenarbeit zwischen Menschen und Naturgeistern zu fördern. Sie sind nicht sehr zahlreich und werden besonders dort angetroffen, wo solche Bestrebungen stattfinden. Einige Freunde in der Dordogne kultivieren seit über 25 Jahren Kräutertees und Gewürze mit besonderem Augenmerk auf die Einbeziehung aller beteiligten Naturgeister. Sie hatten gegen Ende ihrer Tätigkeit sechs dieser Wesen auf der Lichtung ihres Gartenareals. Aufgrund meiner Kommunikationsarbeit mit den Naturgeistern haben wir ein Elementarwesen der 5. Art hinter unserem Haus.

Sie erklären den Naturgeistern, wie die Menschen funktionieren und was ihre Absichten sind, so dass diese Naturgeister ein Vertrauen zu einigen Menschen in ihrer Nähe aufbauen können. Viele Naturgeister sind es leid, dass Menschen die Natur nicht respektieren und nicht mit ihnen kommunizieren, selbst wenn die Menschen sie nur grüßen und ihnen danken würden.

Die Diener der Natur
Sphäre 4 - **Schamanische Lichtwesen** sind astrale Wesen von großer Weisheit, die zwischen den verschiedenen Bereichen (Naturgeister, Tiere, Insekten, Wesen des Engelreichs, aufdringliche Kräfte) agieren. Als Lichtwesen wirken sie darauf hin, dass die geistigen Dimensionen in ihrem Wirkungskreis aktiver sein können. (Interview S. 78)
Engel der kleineren Regenwaldgebiete (Indonesien etc.)

Sphäre 3 - Naturgeister und regionale Engel. Kali
Regionale Engel haben einen Aktionsradius von 50 km. Sie sind die Vorgesetzten oder Coaches der Landschaftsengel.
Naturgeister im engeren Sinne sind die Elementarwesen. Die sehr kleinen Elementarwesen sind praktisch die Arbeiter auf der molekularen Ebene und als solche die kleinsten Geistwesen. In dieser Sphäre Nr. 3 finden wir die vier traditionellen, die miteinander und mit den vier Grundelementen der Schöpfung verbunden sind: Erde (Gnome), Wasser (Undinen), Feuer (Salamander), Luft (Sylphen). Die 5. Art der Elementarwesen ist Teil der Sphäre Nr. 5. Die großen und sehr großen Elementarwesen sind in Sphäre 9 beschrieben.

dass diese Menschen dadurch neue Lügen aussprechen?
Etschewit: Ja, natürlich. Sie können sogar so groß und stark werden, dass sie Menschen besetzen. Es gibt ja in der Geschichte und in Schilderungen der Bibel sogenannte Dämonenaustreibungen, und die sind ganz real zu nehmen....

Spektren
W.W.: Wenn eine Menschengemeinschaft über eine gewisse Zeit hinweg viele Lügen ausspricht, bleiben die erschaffenen Lügendämonen dann im Umkreis dieser Menschengemeinschaft?
Etschewit: Wenn eine Gemeinschaft von Menschen Lügenausspricht, sich bestimmten Lügen hingibt, entstehen schon größere Dämonen. Diese Wesen heissen Spektren. Wenn diese Spektren von der Menschengemeinschaft nicht durch positives Denken bearbeitet werden, kommen sie immer wieder zu der Gemeinschaft zurück, und sie begegnen den Menschen auch nach dem Tode und sogar bei ihrer nächsten Geburt
W.W.: Angenommen, man erschafft einen Lügendämon oder ein Spektrum. Wie kann man diese wieder aus der Welt schaffen?
Etschewit: Wenn man aus Versehen gelogen hat, dann hilft es, dass man

Kali (Auflösung und Erneuerung) Hindu-Göttin, die als Herrin über Tod, Zeit und Wandel gilt. Sie wird Kali Mata ‚die dunkle Mutter' genannt. Diese Beschreibungen machen ihr Wesen identisch mit unserer Schwarzen Jungfrau oder dem jungfräulichen Schwarzen. Auf dem heiligen Ort in unserer Nähe ist sie eine der ‚vier Königinnen': Schwarze Jungfrau (Norden/Winter/Neumond), Kali (Osten/Herbst/Werbemond), Brid (Westen/Frühling/Wachsender Mond), Sophia (Süden/Sommer/Vollmond);
Engel der größeren Wüsten (Gobi, Sahara, etc.)

Sphäre 2 - Engel der kleinen Seen, Flüsse und Wüsten

Sphäre 1 - Landschaftsengel, Devas, Dagdas, große Elfen.
Landschaftsengel decken einen Aktionsradius von etwa 1 km ab. Sie sind die Betreuer und Berater der Naturgeister für die alltäglichen Fragen zum Funktionieren der Natur. Sie haben selbst Zugang zu den Ältesten (Regionale Engel) für jede neuen ungewöhnlichen Fragen, die das Gleichgewicht und die Harmonie in ihrem Gebiet betreffen. Diese alltäglichen Fragen können das Zusammenleben verschiedener Arten (Tiere, Insekten, eindringende Pflanzenarten) betreffen sowie ungewöhnliche Klimaveränderungen, Überschwemmungen, Trockenheit, eindringende Wesen, Mangel an Bestäubern usw.

Devas sind Wesen, die für die Kommunikation zwischen den Naturgeistern und den Engelreichen (hier insbesondere den Landschaftsengeln) zuständig sind. Devas sind weder Elementarwesen noch Teil der Engelshierarchien. Sie bilden eine eigene Hierarchie mit Prinzessinnen und Königinnen der Devas und gehören zur Astralwelt. Es gibt Devas mit verschiedenen Arten von Aufgaben: Devas der einzelnen Pflanzen (Blumen, Sträucher, etc.) und Devas von Pflanzengruppen, Devas von Bäumen, etc.

Dagdas: Ein Dagda ist mir zum ersten Mal im Zusammenhang mit dem von mir verwendeten Quarzkristall begegnet. Er ist für den Kommunikationsaspekt des Kristalls zuständig und erleichtert die Kommunikation aller Geistwesen, die Hilfe von uns Menschen brauchen. Wie alle Geistwesen verfügen auch die Dagdas über ein großes Wissen und eine große Weisheit in Bezug auf ihren spezifischen Wirkungsbereich.

gleich anschließend widerruft. Wenn man
nach einer solchen Lüge einen
guten Gedanken hinzusetzt, dann gleicht sich
das Verhältnis aus, und der
Lügendämon löst sich wieder auf. Bei Spektren
ist es sehr viel schwieriger,
weil es sehr schwer ist, eine
Menschengemeinschaft zu gleichen positiven
Aspekten zu bringen. Deswegen lösen sich die
Spektren sehr viel schwerer
auf. Die Menschen-Iche sind frei, und wenn
heute eine Menschengemeinschaft
gemeinsam ein Spektrum durch eine Lüge
schafft, ist es für die freien
Iche schwer, am nächsten Tag unter
umgekehrten Vorzeichen wieder
zusammenzutreffen.
Aber wenn sich einige Menschen aus dieser
Gemeinschaft
bemühen, können auch positive Wesen
entstehen, die dann in einen
Kampf mit den Spektren eintreten. Die
Spektren und die Kämpfe mit ihnen
belasten das Erdenkarma, das gesamte
Erdenumfeld, und zurzeit gibt es viele solcher
Kämpfe, die auch Gewitter erzeugen. Bei
diesen Kämpfen
wirken die michaelischen Scharen auf der
guten Seite mit.

Dagdas wissen sehr viel über die energetische Verbindung mit Hilfe von Kristallen und wie man die Verbindung zu Geistwesen herstellt. Sie decken geographisch ein sehr großes Gebiet ab und kooperieren mit ihren Dagda-Kollegen bei der Kontaktaufnahme mit Spezialisten in ihrem Gebiet. Das können Menschen (mit oder ohne Kristall), große Elfen, Wesen aus dem magischen Bereich usw. sein, die zu einer bestimmten Frage beitragen können.

Die großen Elfen sind etwa 3 m groß. Sie sind die Vermittler, die die Beziehungen zwischen Gruppen von Wesen neu regeln helfen, wenn z.B. Veränderungen von außen stattfinden. Sie sind auch Träger von Schönheit, Adel, Mut, Gleichheit, Hoffnungen und Sehnsüchten. Es gibt männliche und weibliche Elfen.

Die kleinen Elfen haben ihre Versammlungsorte in ‚Elfenbüschen'. Diese Feen sind weniger als 10 cm groß und sind Träger von Freude und Leichtigkeit, die zum Beispiel in einem vorübergehenden Sonnenstrahl eine kurze Atmosphäre der Verspieltheit schaffen.

Die Kommunikation mit den Naturwesen muss als Praxis aufgebaut werden. Für politische und rechtliche Anliegen, z.B. den Rechten der Natur, müssen Vermittler ausgebildet werden. Die Änderung der Einstellung gegenüber den Naturwesen wird Ergebnisse bringen, da sie spüren werden, dass wir sie respektieren. Sie zu begrüßen ist immer ein nützlicher erster Schritt, weil er unsere veränderte Einstellung zeigt. Der Rest wird überraschend leicht folgen, auch wenn wir uns nicht so recht vorstellen können, wie. Sie werden uns helfen. Das ist meine Erfahrung.

Auf Seite 14 habe ein Interview mit einem großen Wasserelementar des Loire-Flusses in Frankreich wiedergegeben. Ich hatte kein Mandat von einer Bürgergruppe, das Interview zu führen, also konzentrierte sich das Gespräch auf das, was dieses Wesen an diesem Tag mitteilen wollte. Ich erfuhr etwas über die geografische Ausdehnung seines Flusssystems, das auch die Mündung ins Meer umfasst. Das Interview zeigt auch, dass er ständig Zugang zu allen Details in seinem riesigen geografischen Gebiet hat.

Mir wurde klar, dass wir als physische Wesen Dinge tun können, die Geistwesen nicht können, z. B. mit unseren Gedanken und Gefühlen ein

Gedächtniswesen
21. April 2022

Ich spreche mit C über wahrnehmbare Energiespuren von Gebäuden, die nicht mehr existieren, wie die ehemalige Kathedrale von Luxemburg oder hier die Basilika von Paris, auf der Ile de la Cité [4]. *Dort hat man unter dem 'Place du Marché aux fleurs' archäologische Beweise dafür gefunden. Energetisch kann ich zum Beispiel die Wände, den Altar und die magischen Quadrate wahrnehmen. Da ich weiß, dass jede Manifestation mit einem Geist verbunden ist, frage ich C, um welche Art von Geist es sich hier handelt.*

Gibt es spezielle Erinnerungswesen?
- ja
Leben sie im Lebensäther? - ja
In der oberen Schicht des Lebensäthers? - ja
Gibt es verschiedene Arten von Gedächtniswesen? - ja
Gedächtniswesen der Engelstätigkeit, wie bei den magischen Quadraten? - ja
Gedächtniswesen für die Tätigkeit von Elementarwesen? - ja
Eine andere Art von Erinnerungswesen für die Spuren menschlicher Tätigkeit? - ja
Sie sind weder 'Geistwesen' noch 'Astralwesen', sondern das, was ich 'Wesen mit begrenztem Empfindungs- und Denkvermögen' nenne? - ja
Habe ich dich richtig verstanden? - Ja.
Vielen Dank - es war uns ein Vergnügen

A = Quadrat des Kirchenengels
BV = Platz der Schwarzen Jungfrau
HS = magisches Quadrat links vom Eingang
C = magisches Quadrat linke Altarecke

Gebet senden. Wir haben einen Kontakt zur geistigen Welt, der uns Menschen eigen ist. Obwohl die wissenschaftliche Forschung die positiven Auswirkungen des Gebets gezeigt hat, ist mir klar, dass wir immer noch sehr wenig über die Macht unserer Gedanken und Gebete wissen. Weil wir körperlich sind, können wir Verbindungen zwischen Naturgeistern und Wesen mit dem erforderlichen Wissen im göttlichen Feld herstellen, die die Naturgeister aus irgendeinem Grund nicht (mehr selber) direkt kontaktieren können. Es gibt noch weitere Aspekte, die bei diesem Heilungsprozess für die Natur deutlich wurden: Im Laufe der Jahre haben die Naturgeister erklärt, wie sie funktionieren, mit welchen Problemen sie konfrontiert sind und wie sie organisiert sind. [1]

Es gibt verschiedene Arten der Kommunikation mit unsichtbaren Wesen, aber vielleicht nur einen Weg: und das ist, ehrlich zu unserem eigenen Weg zu sein und nicht zu versuchen, jemand anderen zu kopieren. Kopieren funktioniert nicht. Die einfachste und vielleicht wertvollste Art der Kommunikation ist die über unser Herz als Gefühl, und das allein macht schon die Essenz der Kommunikation aus. Dabei sollten wir uns immer daran erinnern, dass das Bewusstsein vor allem auf Gefühlen und dem Herzen basiert, kein Gehirn, keine Worte sind wirklich nötig.

Viele werden in einer ersten Phase nur einen Herzenskontakt haben mit unsichtbaren Wesen. Aufrichtige Grosszügigkeit erwartet keine Gegenleistung. Wir können ihnen danken, sie grüssen, Fernheilung senden, ihnen sagen, wenn wir ihren Baum, ihre Blume, die Landschaft schöne finden. Einen expliziteren Kontakt mit ihnen wird sich einstellen, braucht aber Zeit, ein Aufbauen von Vertrauen.

Unser Kontakt mit Wesen des göttlichen Feldes muss praktisch und nützlich bleiben. Es gibt sehr wertvolle Themen, bei denen geistige Wesen uns helfen können, unser tägliches Leben in einer Gemeinschaft zu verbessern. Die folgenden Abschnitte wurden alle in Zusammenarbeit mit dem geistigen Think Tank C ausgearbeitet. Ich benutze meine Hartmann-Antenne, um die Punkte auf einer Karte zu lokalisieren und die Ja/Nein-Antworten zu erhalten. Jeder kann seinen eigenen Weg finden, um die Energie zu spüren (Pendel, Hände, Intuition, etc.).

Die Hintergründe zur Corona-Virus-Situation sind heute, im April 2022, noch relevant und werden es ev. noch lange bleiben. Sie bilden eine Schwachstelle unserer Gesellschaft. C setzt den Finger ohne Umschweife auf die richtige Stelle.

Auragramm von C vom 21.3.20 zur Corona Virus-Situation
Ich fragte das C, Collegium der Geistwesen von Rocamadour, um ihren Blickwinkel und brauchte dazu die Form des Auragramms. Wir haben die Menschheit ins Zentrum des Auragramms gesetzt. Darum herum finden wir die Energiehüllen der Aura [6]. Ich bitte C mir darin die energetisch wichtigen Stellen zur Situation zu zeigen. Das sind meist Geistwesen, Widersacher oder Egregore. Die Reihenfolge ist von Bedeutung. Jeder Punkt weist eine deutliche Energieansammlung auf, die ich mit Hand und Hartmann-Antenne orte.

1. Am Punkt der göttlichen Seele zeigten sie mir eine kollektive Gedankenform, ein Egregor. Diese Ansammlung von Denkstrukturen und Emotionen hat sich dort seit über 400 Jahren aufgebaut und betrifft **unsere materialistische Sichtweise und Beziehung zu Erde und Natur.** Diese zeugt von mangelndem Respekt und hat direkt den Virus hervorgerufen.

2. Als zweites zeigten sie mir das **Wurzelchakra**, also unsere Beziehung zur Erde, zur Natur und zu unserem Körper und unseren konkreten Lebensumständen. Diese brauche Heilung.

3. Dann zeigten sie mir das **Herzchakra**. Dieses ist der Ort der grundlegenden Transformation hin zu mehr Empathie, die wir individuell wie kollektiv dringend vornehmen müssen.

4. Als letztes wiesen sie mir auf **ein Widersacher Wesen** hin in der Schicht der ätherischen Blaupause hin. Diese Geistwesen von Redshift 7, eine Galaxie, weisen uns auf die letztliche Illusion hin, uns von anderen Menschen, Ländern, Naturgeistwesen, Viren, etc. abschirmen zu können, mittels Mauern, Masken, Vorurteilen, künstlichen Abgrenzungen und dergleichen, solange die Ursachen 1-3 nicht behoben sind. Dass diese Wesen in der Energieschicht sich eingenistet haben, welche den Bauplan zum Ätherfeld enthält, bedarf einer Erklärung. Unsere irrtümliche Denkweise (Egregor unter 1.) hat eine Schwächung unserer Immunsysteme verursacht. Sie ist das Resultat von Punkt 1-3 und kann nur durch deren Behebung – individuell wie kollektiv – d.h. der Änderung unserer Haltung zur Erde geheilt werden.

Manche Menschen sind in der Lage, mit ihnen zu sprechen oder Sätze zu hören, andere, wie ich, müssen nur daran arbeiten, die richtigen Fragen zu finden, um eine klare Reaktion wie Ja oder Nein zu erhalten. Ich hatte ein- oder zweimal meinen Lehrer, der mir im Traum etwas sagte. Ich kann durchaus Energiesäulen in der Natur oder in einem Raum spüren, die immer mit einem Wesen korrespondieren. Dann muss ich mit meiner Hartmann-Antenne weiter fragen, wer es ist, ob es ihm gut geht oder ob ich etwas für sie tun kann, usw.

Dorf- und Nachbarschaftsengel

Wir sprechen meist von einem lebendigen Dorfgeist, wenn diese Gemeinschaft kulturell besonders aktiv ist. Der Dorfgeist ist jedoch mehr als ein abstraktes Konzept. Wir finden tatsächlich einen Engel, meist im geografischen Zentrum eines Dorfes oder Stadtteils, der wie immer göttliche Inspirationsenergie herabbringt und bereithält. Es hängt von den Handlungen und Einstellungen der Gemeindemitglieder ab, wie viel davon wirklich in die Gemeinschaft fließt und sie ‚inspiriert'. Diese Engel fühlen sich dann auch mehr oder weniger 'nützlich'.

Entscheidend ist, wie die Bewohner diese Wesen respektieren und mit ihnen kooperieren, sie manchmal sogar um Hilfe bitten. Da diese Wesen unseren freien Willen respektieren, tun sie nichts, solange sie nicht darum gebeten werden. In den meisten Dörfern, die ich in unserer Gegend untersucht habe, können die Engelwesen im Durchschnitt nur 30 % ihrer Energie herunterbringen. Das ist nicht viel. Der Prozentsatz kann von Tag zu Tag variieren und scheint unter anderem von Folgendem abzuhängen:

- Respekt vor der Natur (z. B. Grad der Verschmutzung).
- Respekt vor Tieren (Haustiere und Wildtiere)
- Ausmaß der Zusammenarbeit mit Devas, Naturgeistern und
  Engelswesen
- Gebete oder wertschätzende Worte, die gesprochen
  oder täglich gedacht werden
- Gelebter Glaube der Gemeinschaftsmitglieder
- Respekt und Mitgefühl gegenüber Mitbewohnern

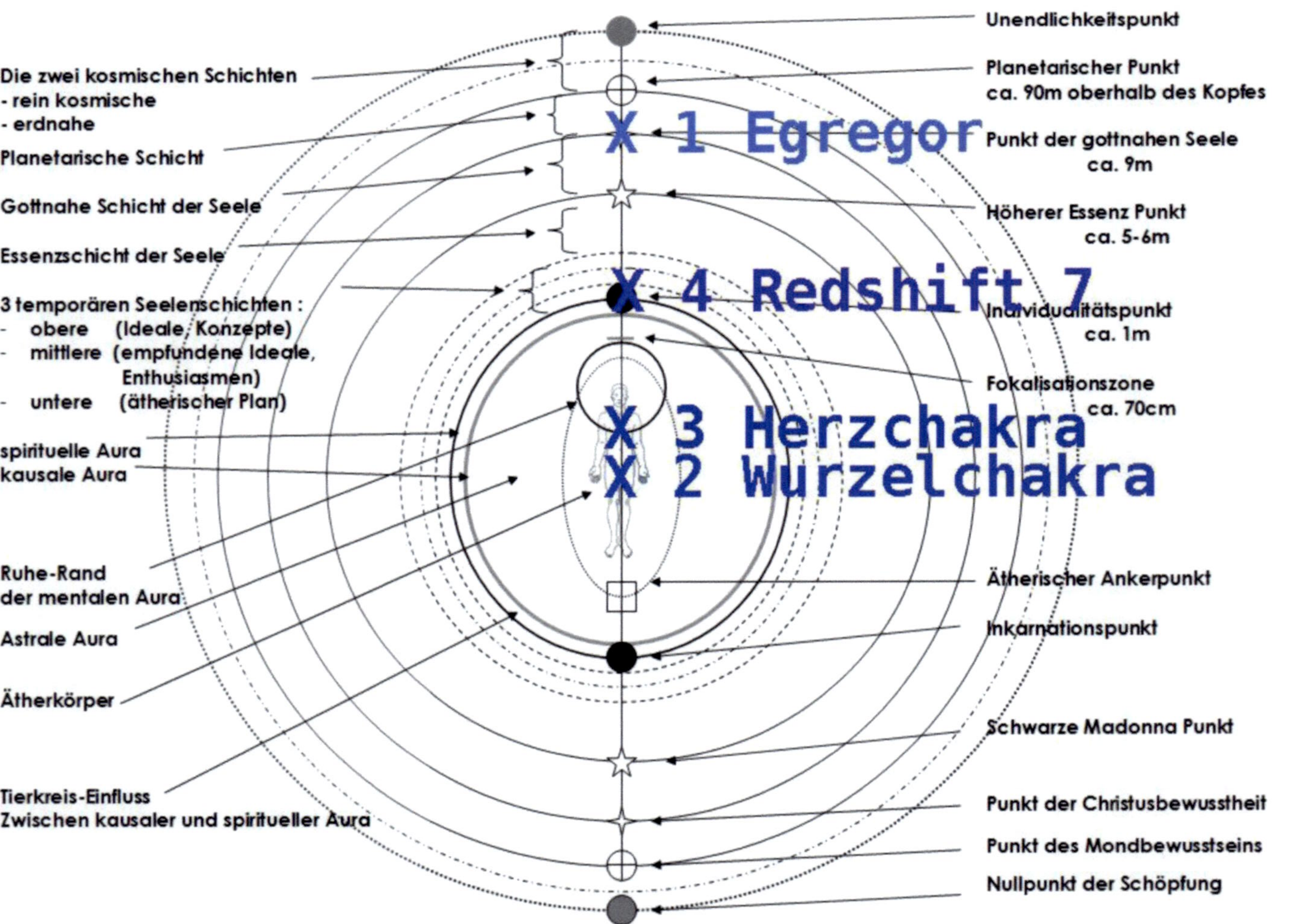

Die zwei kosmischen Schichten
- rein kosmische
- erdnahe
Planetarische Schicht
Gottnahe Schicht der Seele
Essenzschicht der Seele
3 temporären Seelenschichten :
- obere   (Ideale, Konzepte)
- mittlere (empfundene Ideale, Enthusiasmen)
- untere   (ätherischer Plan)
spirituelle Aura
kausale Aura
Ruhe-Rand
der mentalen Aura
Astrale Aura
Ätherkörper
Tierkreis-Einfluss
Zwischen kausaler und spiritueller Aura
Unendlichkeitspunkt
Planetarischer Punkt
ca. 90m oberhalb des Kopfes
Punkt der gottnahen Seele
ca. 9m
Höherer Essenz Punkt
ca. 5-6m
Individualitätspunkt
ca. 1m
Fokalisationszone
ca. 70cm
Ätherischer Ankerpunkt
Inkarnationspunkt
Schwarze Madonna Punkt
Punkt der Christusbewusstheit
Punkt des Mondbewusstseins
Nullpunkt der Schöpfung
X 1 Egregor
X 4 Redshift 7
X 3 Herzchakra
X 2 Wurzelchakra

- Dankbarkeit gegenüber der Schöpfung
- Respekt und Sorgfalt gegenüber dem eigenen Körper
- die Pflege des Geistes des Dorfes (Kultur, Feste usw.)
- die Pflege der Schönheit des Dorfes oder Stadtteils

Engel der Nationen
Einige Aufgaben der Engel der Nationen, die als Coaches fungieren:
- für die regionalen Engel und allgemein für alle Lichtwesen
  die in ihrem Gebiet tätig sind
- die Engel der ethnischen Minderheiten
- die Deva-Königinnen des Territoriums
- die großen Flusssysteme und Seen mit ihren eigenen Naturgeistwesen
- die angrenzenden Meere
- die Luft-, Berg-, Wasser- und Erd-Elementarwesen
- der Dialog mit den großen Elementarwesen über
  Umweltverschmutzung und Umweltbelastungen aller Art
- die Symbole der Nation: Hymne, Flagge, Denkmäler, Kultur...
- die Sprache(n) der Nation
- die Behandlung von Minderheiten, Armen, usw.
- die Beziehungen zu anderen Ländern (Verträge, Zusammenarbeit,
  Abkommen, Freundschaftsbesuche, Flüchtlinge usw.)
- der Zustand und die Entwicklung der Staatsführung
- politische Entwicklung (Grad der Entwicklung von Demokratie,
  Dialoge zwischen den Gruppen usw.)
- die geistige Entwicklung des Landes (Religionen, Kultstätten
  Kultstätten, Entwicklung geistiger Werte)
- Empathie, Respekt, Gleichheit, Gerechtigkeitssystem, Frieden
- die wesentlichen menschlichen Werte wie freier Wille, Kreativität
- der Beitrag des Landes zum Weltfrieden, zum Fortschritt,
  insbesondere im Hinblick auf den Kontinent, dem das Land angehört
  Land angehört
- die Bewältigung von Krisen (Arbeitslosigkeit, soziale Unruhen,
  Depression, kollektive Ängste, geistige Blindheit,
  Entmutigung, Mangel an Zukunftsvisionen usw.

Kristall Kommunikationslinien

Vor einigen Jahren arrangierte C eine erste Energielinie, die auf unseren Kristall zulief, der in unserem Meditationsraum am Boden steht. Das überraschte mich, sodass ich mehrere Tage zögerte, bis ich dieser Linie nachging um zu verstehen warum sie hier war. Sie führte mich in unseren Wald zu meiner ersten Begegnung mit einem Naturgeistwesen. Danach erschienen nach und nach hunderte dieser Linien und Strukturen. Verschiedene Segment-winkel bedeuten unterschiedliche Arten von Naturwesen oder Landschaftsengel. Sie weisen alle in der geographischen Richtung in der das Wesen seinen Anker Ort hat. Ein speziell beauftragtes Kristall-Wesen, ein Dagda, übernimmt die organisatorische Seite und bringt Wesen und Linien zu mir. Auch Engelwesen helfen ihm dabei. Dieses ‚System' ist sehr wahrscheinlich nicht nachahmbar, doch zeigt es wie erfinderisch und präzis der Kontakt zu Geist-wesen sein kann. Ich habe einige meiner Studenten, die mit einem Kristall und einem Dagda arbeiten. Ich beschreibe an anderer Stelle bereits, wie alle diese Linien Anfragen von Wesen sind, die wissen, dass ich ihnen mit Fernheilung das bringen kann, was sie brauchen. Wie das funktioniert kann ich grossenteils nur erahnen und habe es auch anderorts beschrieben. [5]

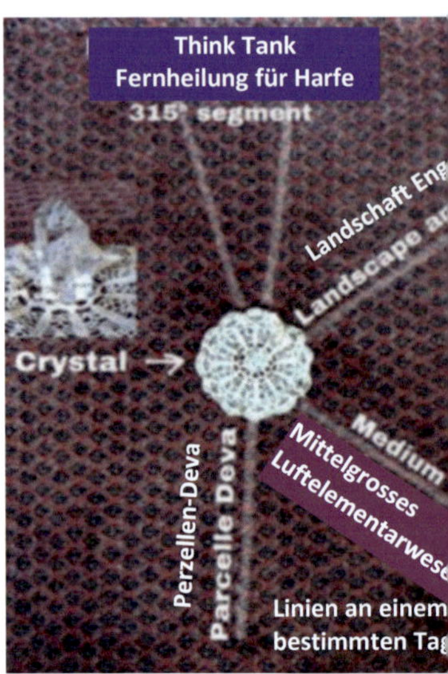

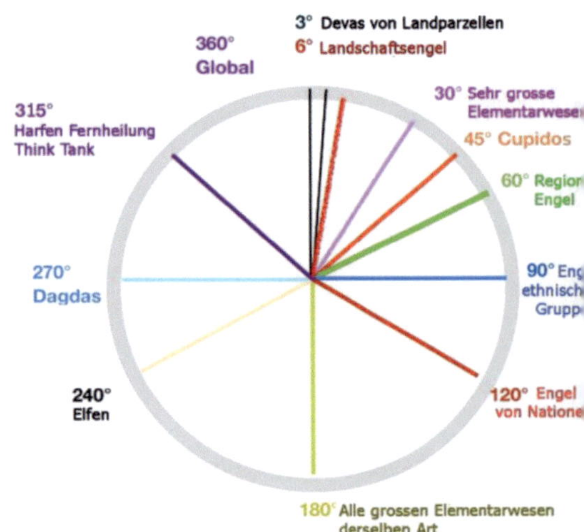

Die Gemeinschafts-Heptagramme

Die Form des Heptagramms (hepta bedeutet im Altgriechischen 7) ist abstrakt wie ein geometrisches Symbol zu verstehen. Diese Heptagramme sind geeignet, um den Grad der Zusammenarbeit zwischen der sichtbaren und der unsichtbaren Welt zu einem bestimmten Zeitpunkt zu bewerten. Diese Werte können zu verschiedenen Zeitpunkten verglichen werden, um zu sehen, wie sich Ereignisse oder Handlungen auf eine Gemeinschaft ausgewirkt haben; Engel sind in erster Linie Überbringer göttlicher Inspiration. Ihr Ziel ist es, diese Zusammenarbeit zu verbessern. Wie bei allen Heptagrammen eröffnet dies die Möglichkeit einer evolutionären Arbeit mit einer Gemeinschaft, sei es eine Nachbarschaft, ein Dorf, eine Schule, ein Unternehmen, ein Verein, eine landwirtschaftliche Genossenschaft oder ein Land.

Auf allen 7 Plätzen dieses Kooperations-Heptagramms finden wir die Kyriotetes-Engel (Sphäre 13) sowie die Elementarwesen Nr. 5. Letztere traten erst 1993 weltweit in Erscheinung und haben die Aufgabe, die Zusammenarbeit zwischen Naturgeistern und Menschen zu unterstützen. Sowohl Kyriotetes als auch diese Elementarwesen helfen, die Kooperations-Heptagramme zu nutzen. Um die Situation eines Organismus zu ermitteln, kann jedes Feld 1-7 direkt mittels Pendel, Hartmann-Antenne o.ä. abgefragt werden, z.B. nach Prozentwerten. Die Heptagramm-Strukturen (die sieben Kreise und Verbindungslinien) lassen sich an jedem untersuchten Ort oder Organismus auf einer Karte oder vor Ort finden. Ich kann sie in unserem Dorf sehen und fühlen. Um die Werte abzufragen, ist dies jedoch nicht notwendig.

Jeder der sieben Punkte kann Auskunft über den Grad der möglichen Nutzung dieses Organismus zu einem bestimmten Zeitpunkt geben, z.B. ausgedrückt in Prozenten. Jeder Punkt kann weiter verfeinert und an die Bedürfnisse eines Organismus oder Ortes angepasst werden.

Die 7 Energiezentren oder Hauptthemen eines Heptagramms:

1. Zielausrichtung, Bewusstsein für die spirituell-geistige Aufgabe, teilweise zukunftsorientiert
2. Akzeptanz der gegenwärtigen Umstände
3. das Wissen der beteiligten Wesen, sichtbar und unsichtbar

4. Weisheit, die aktuell angewandt wird
5. Beziehungsfähigkeit, Qualität der Kommunikation innerhalb der
   Gemeinschaft
6. gelebte Freude am Leben in der Gemeinschaft
7. Umsetzung der inspirierenden Energie des
   Geistes/Engels der Gemeinschaft

Heptagramm von Paris, innerhalb der 1. Ringstraße (périphérique), die
Zahlen am 21.11.2018 (vor den Unruhen 2018) und > am 15.4.2022 sind:

1: **79% > 79%**
2: 45% > 87%
3: 25% > 48%
4: 51% > 39%
5: 60% > 48%
6: 82% > 57%
7: **83% > 87%**

Der Vergleich lässt
spannende Unterschiede
erkennen und lädt zur
näheren Betrachtung und
Interpretation ein. Die
hohen Werte für 1 und 7
lassen sich erklären durch
die besondere Stellung von
Paris als gepriesene
Touristenstadt, die Pflege
seiner Denkmäler, Theater,
Gebäude und Pärke und
das Bewusstsein, ein
einzigartiges und intaktes
Kulturgut zu besitzen.

In den Heptagrammen sind
die Orte 1-6 immer mit
dem Stadtengel 7

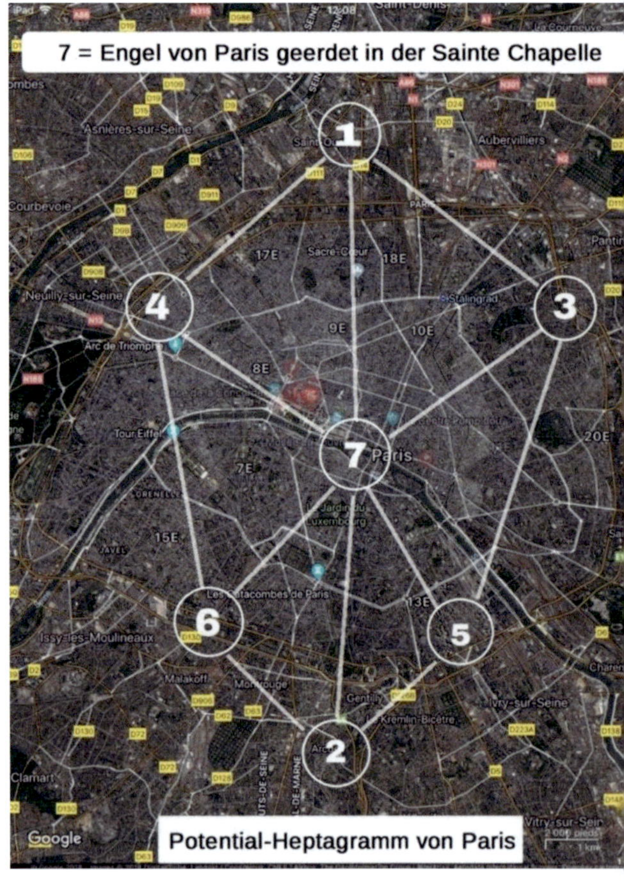

verbunden. Es ist meine Beobachtung, dass die Position 7 in allen Heptagrammen immer zentral und sehr sinnvoll ausgesucht ist. Der Stadtengel von Paris ist in der 'Sainte Chapelle' verankert, unweit von Notre Dame. Alle Orte 1-6 sind außerdem ringförmig miteinander verbunden. Dies ist nicht zufällig. Es besteht ein Sinnzusammenhang zwischen den so verbundenen Zentren: 1 ist zukunftsorientiert, 2 ist die gegenwärtige Ausgangslage, 7 ist das Zentrale, das Geistwesen oder der Engel der Landschaft. 3 und 5 sind eher auf der männlichen, der expressiven Seite, 4 und 6 auf der weiblich-intuitiven Seite. 1, 3 und 4 gehören zum geistig-mentalen Teil einschließlich des Herzens, 2, 5 und 6 zum gelebten Teil. 1-6 werden im Falle von Paris von Sphäre 11 Wesen* begleitet: Erzengel.

Kontinent & Land Heptagramme, (Ebene 5)
An den Punkten 1-6 befinden sich Sphäre 15 Engel* 'Dynameis'. Der **Engel von Deutschland** (an Punkt 7 wie immer) ist ein Sphäre 6 Engel*. Aufgrund dieses hohen Abstraktionsniveaus (5) sind alle Kontinent- und Länder-Heptagramme Nord-Süd ausgerichtet, auch für Länder wie Österreich oder Russland, die eher eine Ost-West-Ausdehnung haben. Alle Angeben stammen nach wie vor aus C*.

Die dezentrale Lage des Heptagramms **Deutschlands** deutet möglicherweise auf eine unvollständige Integration des östlichen Teils von Deutschland hin. Da sind offensichtlich weitere politische, kulturelle, soziale und geomantische Heilungsmaßnahmen notwendig.
*) siehe mein Buch ‚Erd-Heilen' [1]

Während sich der **Europa-Engel** ziemlich genau in der geographischen Mitte Europas befindet, reicht das Heptagramm Europas noch nicht bis in den Süden Europas, offenbar wegen der fehlenden Integration der

Balkanstaaten. Interessant, wie der Punkt 6 ‚gelebte Lebensfreude' auf Paris zu liegen kommt.

In den Details gibt es noch viel mehr Informationen. Abschließend möchte ich noch auf die Frage eingehen, ob ‚geomantische Graffitis' vom Betrachter durch die bloße Absicht, ein geographisches Gebiet zu erforschen, verursacht werden. C erklärt: Das virtuelle Heptagramm existierte nicht, bevor ich die Frage danach stellte. Als C es mir auf Google Maps zeigte, erschienen gleichzeitig Energieabdrücke in der fraglichen Landschaft. Ich fand dann auch an der Stelle sieben Ringe mit je einem Meter Durchmesser sowie die Energiesäulen der Geistwesen. Während diese Energieringe meinem Denken entsprungen waren, so waren die dort zu findenden Kyriotetes und Naturgeistwesen nicht von mir erschaffen oder dorthin gebracht worden. Allerdings hätten diese auch einen symbolischen, virtuellen Aspekt, indem sie jedes Mal, wenn ein solches Kooperations-Heptagramm von Menschen gedacht würde, auch dort mitwirken und entsprechend präsent sein würden. Die Heptagramme hinterlassen auch vor Ort die Verbindungslinien zwischen den sieben Kreisen. Das Zusammenwirken der sichtbaren und der unsichtbaren Welt ist ein Mysterium und wird es wohl auch bleiben, selbst wenn wir uns in das Thema einarbeiten können.

7 Stufen der Konzeptionalisierung
Diese können uns zu einem bestimmten Zeitpunkt Einblick in den Harmoniegrad des beobachteten Gebietes gewähren und wieviel die Teilnehmer von der göttlichen Inspirationsenergie z.Z. dort umsetzen. Die australischen 'Songlines' und das Map-Art der Zunis vom Süd-Westen der USA sind weitere Beispiele. Allen geht es darum, Landschaft und Leben in einem göttlichen, heiligen Zusammenhang zu stellen.

Was manchmal als gegensätzliche Vorgehensweisen erlebt werden kann, beruht mitunter auf der Benützung unterschiedlicher Denk- und Abstraktionsebenen. Das Unterscheiden der folgenden 7 Konzeptualisations-Ebenen kann deshalb hilfreich sein. Wie bei Alphabet und Hieroglyphen, so ist keine Ebene an sich besser als eine andere. Ihre Nützlichkeit hängt allein davon ab, was wir daraus machen. Denkebenen 2 und 7 dürften für uns schwer zugänglich sein. Die ätherische Denkweise z.B. ist sehr traumhaft, diffus, unfokussiert und für uns sehr ungewohnt.

Sie mögen sich zunächst schwer verständlich anfühlen, aber die Beispiele werden zeigen, dass wir diese verschiedenen Ebenen des Denkens jeden Tag benutzen.

Fotomontage rechts: Position 7 auf dem Kooperations-Heptagramm mit der Energiesäule des Kyriotetes und derjenigen (kleineren) des Elementarwesens der 5. Art

7 Ebenen der Konzeptualisierung oder Abstraktion

1 Physische Ebene
Sprache: die materielle Manifestation von Gebäuden, Kirchen, Bäumen, Hügeln usw. und deren Handhabung
Musik: physischer Klang, Ton

2 Ätherische Ebene
Sprache: ätherisch (Verena Staël von Holstein in den Flensburger Hefte versteht und übersetzt sie [13])
Denkweise: von Devas der Bäume, Pflanzengruppen und Parzellen, von Elementarwesen und Kirchenengeln
Energie: Gitternetze Nr. 1 und 2 (Hartmann und Curry) sowie das Energiegitter Nr. 3 (Jungsteinzeit) *,

einige Aspekte des Feng-Shui eines Hauses-
Musik: Trance-Pulsationen, -bordun und -mantra/Silben

3 spirituelle Ebene 1
Sprache: unser Alphabet ABCD
Mathematik kann auf den Ebenen 3-6 erscheinen
je nach ihrem Abstraktionsgrad.
Denkweise: der Landschaftsengel*
Energie: einige der heiligen Orte oder "Tempel" in der Landschaft
Musik: melodisch, meist 3-4 Akkorde und meist 4-Takt-Rhythmen

4 spirituelle Ebene 2
Sprache: Ägyptische Hieroglyphen, Piktogramme,
chinesische Ideogramme, Quantenphysik;
Denkweise: von regionalen und nationalen Engeln
Energie: Heptagramm einer Stadt oder einer Landschaft
Musik: vielschichtige Kompositionen in Jazz, Klassik, etc.

5 Spirituelle Ebene 3
Sprache: ursprüngliche Symbole der Energie: Δ O + - --- .
Denkweise: von kontinentalen Engeln, Erdenengel, Sphäre 15 Engel 'Dynameis'
Energie: Gitternetze Nr. 6, 7, 8*
Heptagramm eines Landes oder Kontinents
Musik: freie Improvisationen

6 spirituelle Ebene 4
Denkweise: der Engelswesen der Sphären 11-15 u.a. Kyriotetes;
Energie: das universelle Kooperations-Heptagramm
Musik: freischwebende, gefühlte Tonklänge

7 göttliche Ebene
Geisteshaltung: Engelwesen der Sphären 16-21 ; Seraphim, Cherubim,
Thronengel, u.a.m
Energie: Gitter 10 und 12*
Musik: Musik der Sphären

*) In meinem Buch Erd-Heilen näher beschrieben

Umfang und Tiefe meiner Zusammenarbeit mit Geistwesen aller Art ist kaum zu beschreiben. Zum einen bin ich mir nicht immer bewusst, wann sie bei der Formulierung einer Frage schon entscheidend mitwirken. Sie haben mich auch wiederholt auf Denkfehler im Text hingewiesen und geholfen sie zu korrigieren. So Seite 43 oben. Ich hatte geschrieben, dass ‚Ein Wesen, das über Sinne verfügt auch (gemeint generell:) empfindungsfähig sei‘. Sie berichtigten mich hin zur jetzigen Version. Sie sagen mir eben, dass die meisten meiner Kommunikationen, mit ihnen ‚C‘ erfolgen, sofern ich nicht direkt mit einem bestimmten Naturwesen spreche. Mit Hilfe von C haben wir in den letzten Jahren zehn Bücher veröffentlicht. Mir lag daran, sie hier gebührend zu würdigen. Ich stelle sie anderenorts eingehend vor. [2]

Abschließend eine Mitteilung eines großes Elementarwesens der 5. Art, das auf die Zusammenarbeit zwischen Naturgeistern und Menschen spezialisiert ist, und mich gebeten hat, dies hinzuzufügen:

„Es ist für jeden Menschen möglich mit Naturgeistern zu kommunizieren. Der Mensch kann einfach damit beginnen, indem er ihnen eine Frage über einen Aspekt der Natur stellt. Eine Frage zu stellen ist der wichtigste Schritt, denn es zeigt, dass man den anderen respektiert, Interesse zeigt und offen ist, seine Existenz, seine Intelligenz und seine Meinung zu berücksichtigen. Jeder Mensch kann mit seinen eigenen Mitteln eine Antwort erhalten: mit seinem Gefühl, seiner Intuition, einer Vision, einem Radiästhesie-Werkzeug oder einem anspruchsvolleren Channeling, das aus ganzen Sätzen besteht.“

Eine Kommunikation mit Herz ist immer in Beziehung zum Ganzen, zu
Wesen des göttlichen Feldes, zu unserem zutiefst Inneren.
Alle drei sind untrennbar.

Literaturhinweise

Meine Bücher am besten bei Books on Demand (BoD),
siehe www.vallonperret.com
und Amazon

1) Erd-Heilen
2) Die Intelligenz hinter der Natur
3) Musik als eine mystische Reise
4) Die verlorene Orientierung der Kathedralen
5) The Harp in Distant Healing
6) Science of Spiritual Healing II, A Wider Self
7) L'Accès aux Mondes invisibles
8) Die 12 magischen Quadrate als göttliche Siegel – Wahrnehmung und
Interpretation subtiler Energie

Bücher von anderen Autoren

9) J.M. Keynes, https://letstalkaboutbooks.blog/2020/10/21/newton-and-
alchemy-i-john-maynard-keynes-and-the-myth-of-newton-the-magician/
10) Michael Newton, Die Reise der Seelen, Llewelllyn Publications, 2002
11) Christus-Briefe, kostenloser Download unter: www.christsway.co.za
https://thechristletters.weebly.com/uploads/1/2/5/7/125746987/christ_l
etters_original_version.pdf - gedrucktes Buch unter
https://www.christsway.co.za/
12) Federico Faggin, Wall Street International Magazine, Serie vom 11.
DEZEMBER 2020 - 11. April 2021: Die Natur des Bewusstseins
13) Flensburger Hefte Nr. 79 ‚Naturgeister und was sie sagen',
    Floris Bücher, 2004
14) www.oca.org/saints/lives/2022/10/03/102843-hieromartyr-dionysius-
the-areopagite-bishop-of-athens

Wir sind ein farbiger Faden in einem fantastischen Kunstgewebe
voller Farben, fühlender Wesen und Schönheit.

Daniel Perret - www.vallonperret.com
danielperret.bandcamp.com